Hans Christ

Schwein gehabt

V. F. SAMMLER

Hans Christ

Schwein gehabt

Neue heitere Erlebnisse
aus der Praxis
eines Landtierarztes

V. F. SAMMLER

Umschlaggestaltung: Werbeagentur Rypka GmbH, 8143 Dobl/Graz, www.rypka.at
Titelbild: iStock.com/artisteer
Illustrationen: Hans Christ

Bibliografische Information der Deutschen Nationalbibliothek
Die Deutsche Nationalbibliothek verzeichnet diese Publikation in der Deutschen Nationalbibliografie; detaillierte bibliografische Daten sind im Internet über http://dnb.d-nb.de abrufbar.

Hinweis: Dieses Buch wurde auf chlorfrei gebleichtem Papier gedruckt. Die zum Schutz vor Verschmutzung verwendete Einschweißfolie ist aus Polyethylen chlor- und schwefelfrei hergestellt. Diese umweltfreundliche Folie verhält sich grundwasserneutral, ist voll recyclingfähig und verbrennt in Müllverbrennungsanlagen völlig ungiftig.

Auf Wunsch senden wir Ihnen gerne kostenlos unser Verlagsverzeichnis zu:

Leopold Stocker Verlag GmbH
Hofgasse 5/Postfach 438
A-8011 Graz
Tel.: +43 (0)316/82 16 36
Fax: +43 (0)316/83 56 12
E-Mail: stocker-verlag@stocker-verlag.com
www.stocker-verlag.com

ISBN 978-3-85365-306-7

Layout: Ecotext-Verlag Mag. G. Schneeweiß-Arnoldstein, 1010 Wien

Inhalt

Als Kurpfuscher unterwegs

Als Kurpfuscher, früher hatte man diese Leute auch Quacksalber genannt, werden nach dem Strafgesetzbuch jene Personen bezeichnet, die ohne entsprechende Ausbildung und Zulassung Patienten behandeln. Eines der bekanntesten Beispiele dafür ist der Höller Hans, ein Bauer aus dem Steiermärkischen, der in der Volkslegende einen geradezu legendären Ruf genoss. Er stellte seine Diagnosen aus der Urinbeschau der jeweiligen Kranken und traf nicht selten das Richtige. Noch heute verkehrt als Touristenattraktion der so genannte „Flascherlzug" mit seinen bunten Waggons zwischen den Ortschaften Stainz und Preding. Der Name des Zuges rührt von der ursprünglichen Tatsache her, dass die Hilfesuchenden damit von weit und breit mit ihren in Fläschchen abgefüllten Harnproben angereist kamen.

Es existiert sogar ein populäres Lied darüber:

Auf'n Bergl drob'n,
gar net weit von Stanz,
wohnt a Wunderdoktor,
der hoasst Höller Hans.
Waun's Euch int'ressiert,
wia der die Leut kuriert,
schauts Euch den Hansl an
was der all's kann.

Zeitig in da Fruah
kumman von weit und breit
mit'n Flascherlzug
die alt und jungen Leut,
trag'n in Säck' und Taschen
eahn're Brunzlflasch'n

auf den Berg hinauf
in vollem Lauf.

usw.

Seine Beliebtheit in der Bevölkerung verhinderte jedoch nicht, dass er sich aufgrund von Anzeigen, hauptsächlich aus Kreisen der Ärzteschaft, mehrere Male wegen Kurpfuscherei und Scharlatanerie verantworten musste. Natürlich hatte der gute Höller Hans manchmal mit seiner Diagnose danebengehauen. Aber das soll ja in der Schulmedizin bekanntlich auch schon vorgekommen sein.

Mir ist bekannt, dass etliche Tierärzte meiner Vorgängergeneration, streng nach dem Buchstaben des Gesetzes, ebenfalls Kurpfuscherei betrieben haben. Waren doch früher viele Höfe nur mühsam zu Fuß erreichbar, sodass die Bauern am Sonntagmorgen entweder vor oder nach der Kirche – meistens Ersteres, weil nach der Messe das Wirtshaus angesagt war –, mit einem Rucksack bewaffnet, beim Tierarzt vorbeischauten, um Medikamente mitzunehmen. Meistens waren es nur harmlose Sachen, wie Scharfeinreibungen, zum Beispiel Pferdefluid, oder Hustensaft oder ein Durchfallpulver aus gemahlener Eichenrinde für Kälber. Und ich bin mir sicher, dass es vielen Kollegen klar war, dass das Pferdefluid nicht beim Pferd gelandet ist, sondern auf den schmerzenden Knien des Bauern und der Hustensaft im Hals der Bäuerin. Geholfen haben diese Mittel zwar häufig, aber es ist lustig, dass diese Tierärzte sich unheimlich darüber alteriert hatten, wenn ein heilkundiger Laie, wie es damals Senner oder Kräuterweiblein waren, gewagt hatte, eine Kuh aus dem Schatzkästlein der Natur selbst zu behandeln, ohne den teuren Veterinär zu rufen, und noch dazu Erfolge verzeichnet hatte.

Solche „Bauerndoktor" gibt es heutzutage kaum mehr, obwohl der Trend dazu geht, dass die in Kursen vermittelte, vielgeschmähte Homöopathie in den Ställen vermehrt Einzug hält.

Und wenn ich ehrlich bin, muss ich gestehen, auch schon hie und da als Kurpfuscher aufgetreten zu sein. Eine Mutter hatte einmal am Abschluss einer Visite ihrer siebzehnjährigen Tochter resolut den Kittel in die Höhe gehoben, sodass ich neben einer nicht mehr ganz taufrischen Unterhose ein entzückendes Steißbein zu Gesicht bekam.

„Schau'n Sie sich das an, Herr Doktor! Drei Mal waren wir mit der Anni schon beim Arzt und der Fleck wird immer größer!"

Eigentlich hatte ich erwartet, dass Anni diese spontane Entblößung peinlich sein würde, aber offensichtlich war ein Tierarzt für sie so etwas Ähnliches wie ein gestiefelter Gynäkologe, weil sie mir ohne Scheu das Hinterteil entgegenreckte. Oder der Juckreiz war wirklich sehr stark!

Deshalb traute ich mich, über den Brillenrand hinweg die betroffene Stelle aus der Nähe zu inspizieren. Kein Zweifel, es handelte sich hier um eine ausgeprägte Form von Trichophytie oder, wie man landläufig sagt, Kälbergrind, eine hartnäckige Pilzerkrankung.

Erstaunlicherweise steht die moderne Humanmedizin dieser Infektion meistens hilflos gegenüber, weil sich herkömmliche Pilzmittel dagegen als wirkungslos erweisen.

Zum Glück besaß ich für solche Fälle eine Salbe nach einem uralten Rezept, welche mir eine befreundete Apothekerin je nach Bedarf zusammenmischte.

Ich drückte der Mama eine Dose in die Hand, murmelte: „Einmal täglich auftragen, mehrere Tage lang", und ließ über Annis Kehrseite wieder den Vorhang fallen.

Nach ungefähr einer Woche hatte ich wieder auf dem Hof zu tun und die Bäuerin präsentierte mir voller Freude bei der Gelegenheit erneut die Hinteransicht ihrer Tochter.

„Es beißt auch nicht mehr", bestätigte Anni ebenfalls den Fortschritt.

Man sah es deutlich: Der Fleck hatte deutlich seine Rötung und Schuppigkeit eingebüßt. Nur die Unterhose, so mutmaßte ich, war noch immer dieselbe!

Ein anderes Mal pflanzte sich eine junge Bäuerin neben meinem Auto auf und gestikulierte hilfeheischend wild um sich. An ihrem fast tonlosen Krächzen erkannte ich die virale Kehlkopfentzündung und überließ ihr homöopathische Tropfen. Am nächsten Morgen, so gegen halb acht, rief sie mit fast normaler Stimme an, bedankte sich und fragte, ob sie nochmals dasselbe haben könnte, jetzt hat es nämlich ihren Mann erwischt.

Auch dem Lechnerbauern konnte geholfen werden. Der stand eines Tages in der Ordination mit zwei Augen, die mit ihren zugeschwollenen Lidern an eine aufgeschnittene Handsemmel erinnerten. Dazu wies er einen starken Tränenfluss auf.

„Waren Sie schon beim Arzt damit?", fragte ich.

„Ja", sagte er, ohne mit der Wimper zu zucken. Das wäre hier aber auch nicht gut möglich gewesen.

Trotzdem glaubte ich ihm kein Wort.

Da aber der Lechner einer von den Hartgesottenen war, der höchstens weinte, wenn ihn der Viehhändler angeschmiert hatte, war ich mir sicher, dass er an einer starken Bindehautentzündung litt. Wahrscheinlich durch den Heustaub verursacht, weil das Futter, das der Lechner seinen Rindern vorsetzte, immer knochentrocken war.

„Hat das eine Ihrer Kühe auch?“, fragte ich pro forma.

„Ja“, antwortete er.

Ich glaubte ihm noch immer kein Wort.

„Na schön. Für Ihre Kühe kann ich Ihnen etwas herrichten!“

Ich komponierte, wie es einst auch Mozart mit seinen Noten getan hatte, wieder homöopathische Tropfen in eine Pipettenflasche und gab sie ihm:

„Nur für die Kühe“, schärfte ich ihm ein.

„Geht klar, Herr Doktor!“, grinste er.

Ich glaubte ihm kein Wort.

Einige Tage später stand eine Flasche mit selbstgebranntem Schnaps auf dem Tischchen im Warteraum. Daneben lag ein Zettel, auf dem mit ungelenker Handschrift stand: „Besten Dank, Straberger.“ Das war der Lechner!

Als ich einen Schluck kostete, kamen mir selbst die Tränen.

Aber meine größte Leistung auf dem Gebiet der Kurpfuscherei war die Geschichte mit dem Filzer Kilian. Wenn es ihn nicht gäbe, erfinden könnte man ihn nicht.

Er hatte bereits die Siebzig weit überschritten, war aber immer noch zwei Meter groß und von ausladender Statur.

In seiner Aktivzeit beim Bauhof hatte man gemunkelt, dass er in der Adventszeit die Weihnachtsbeleuchtung über den Straßen ohne Leiter hatte anbringen können.

Jetzt war er längst schon in Pension und machte, weil er nie einen Führerschein besessen hatte, das Gasteinertal auf dem Sitz seines uralten Steyr-Traktors aus den Fünfzigerjahren unsicher. Unsicher ist vielleicht ein bisschen übertrieben, aber wenn Du hinter ihm mit einem heißen Zwanziger kilometerlang herzuckelst und wegen der Gegenverkehrskolonnen nicht überholen kannst, schmeißt Du schon ein wenig die Nerven weg.

Diesen Zustand kannte der Kilian von seiner Natur aus nicht. In einer stoischen Gelassenheit steuerte er sein historisches Gefährt über die Bundesstraße und ignorierte sämtliches Gehupe und Blinksignale mit dem Fernlicht hinter ihm, frei nach dem Motto „Die Straße ist für alle da, die Vorfahrt aber nicht".

Beim Traxlerbauern war ich ihm zum ersten Mal persönlich begegnet. Ich hatte dort einer Kuh mit Gebärmutterentzündung den Uterus gespült und gerade, als ich ihr als Zusatz eine antibiotische Injektion verpassen wollte, verfinsterte sich der Stalleingang. Der Kilian musste sich beim Eintritt halb bücken, dann baute er sich neben uns auf und beobachtete mich wortlos bei meinem Tun.

Der Traxler nahm seine plötzliche Anwesenheit ebenso kommentarlos zur Kenntnis. Die einzige, die eine unwillige Lautäußerung von sich gab, war die Kuh, als sie die Nadel im Oberarm spürte.

Das schien den Kilian zu animieren.

„Servus, Herr Doktor! Hast Du nicht auch eine Spritze für mich?", war seine Begrüßung. „Ich bring' die Schulter nicht weiter als so."

Zum Beweis hob er den rechten Arm in die Waagrechte und begann zu stöhnen: „Zwei Mal war ich schon im Spital, aber die wissen dort auch nichts. Nach der Arthroskopie ist es sogar noch ärger geworden mit den Schmerzen."

Der Traxler feixte: „Die sind halt nicht auf Elefanten wie Dich spezialisiert. Da musst Du freilich den Tierarzt fragen."

„Genau", meinte der Kilian, „weil was für eine Kuh gut ist, kann auch den Leuten nicht schaden."

Prinzipiell gab ich ihm Recht. Zwischen Mensch und Rindvieh besteht gar kein so großer Unterschied, wie ihn sich manche wünschen mögen. Trotzdem erklärte ich kategorisch: „Also eine Spritze kriegen Sie von mir nicht!“

„Na geh! Ihr Viechbader habt doch so manches Wundermittel.“

Die Bezeichnung „Viechbader“ war jetzt nicht gerade der Schlüssel zu meinem Herzen.

Um ihn loszuwerden, förderte ich aus den Tiefen meiner Medikamentenkiste eine bewährte Lahmheiten- & Wundsalbe hervor. „Probieren Sie das! Zwei Mal täglich einschmieren!“

Er drehte die Dose mehrmals in seinen Pranken: „Was bin ich schuldig?“

„Die schenk' ich Ihnen“, erklärte ich, „in diesem Fall Geld dafür zu kassieren, würde nämlich unter den Kurpfuscherparagraphen fallen.“ Außerdem erwartete ich mir, ehrlich gestanden, keine „Wunder“-Wirkung für seine Schulterprobleme.

Aber ich sollte mich noch wundern!

Einige Wochen danach rief die Bergerhub-Bäuerin an und wollte zweiundzwanzig Dosen Lahmheiten- & Wundsalbe.

Ich war wie vom Donner gerührt: „Ja wollen Sie damit ein Vollbad nehmen?“

„Nein, aber der Kilian hat über die Salbe so *gefoppt* (regionaler Ausdruck für loben), dass ich gleich für die ganze Nachbarschaft und meine Verwandten eine besorgen soll.“

Mir war gar nicht bewusst, dass es im Gasteinertal von Schulterproblemen nur so wimmelte.

„So viele habe ich nicht auf Lager“, gestand ich, „diese Menge müsste ich erst bestellen.“

„Na, dann bestellen Sie am besten gleich dreißig!“

Langsam beschlich mich das Gefühl, die Bergerhuberin beabsichtigte, die Salbe ihren Hausgästen aufs Frühstücksbrot zu schmieren, um deren Aufenthalt in einen Wellness-Urlaub zu verwandeln.

Als ich das nächste Mal an der Tankstelle stand, passte mich der Kilian, dem ich diesen Großauftrag verdankte, freudestrahlend ab. „Na, was sagen Sie, was ich schon zusammenbring?“, röhrte er von seinem Traktor herunter, dabei hob er scheinbar mühelos den Arm über den Kopf. „Ich hab' ja gewusst, ihr Viechbader habt's Tricks auf Lager, dass sich die Ärzte davon eine Scheibe herunterschneiden können!"

„Freut mich, freut mich", murmelte ich. Noch mehr hätte mich aber gefreut, wenn er mich nicht dauernd Viechbader nennen würde.

Seither riss er, wenn wir uns auf der Straße begegneten, schon von Weitem triumphierend den Arm zum Gruß in die Höhe. Weil er dabei auch die flache Hand ausstreckte, hoffte ich für ihn, dass ihn niemand wegen Wiederbetätigung anzeigte.

Die nächste Episode lieferte er ein Jahr darauf ab. Eines schönen Tages läutete es so gegen halb neun am Morgen an unserer Haustüre.

Ich war natürlich schon längst unterwegs, nur Karin, die gerade ihre sieben Zwetschken für die Schule zusammenzupacken im Begriff war, war noch daheim.

Sie drückte auf die Gegensprechanlage, konnte aber auf dem Bildschirm außer ein paar unidentifizierbaren Hemdknöpfen nichts erkennen. Kein Wunder, das Gesicht vom Kilian befand sich oberhalb des Kamerawinkels.

„Ja bitte?"

„Ist der Doktor da?", kam es aus dem Lautsprecher.

„Leider nein. Mein Mann ist um diese Uhrzeit auf Visite."

„Ich brauch ihn aber!"

„Da müssen Sie vorher anrufen!"

„Ich hab kein Handy!"

„Na, dann von Zuhause!"

„Ich bin aber nicht zuhause. Ich bin jetzt da!"

Der Dialog nahm einen etwas mühsamen Charakter an. Karin versuchte es anders: „Worum geht es denn? Kann ich ihm was ausrichten?"

„Sagen Sie ihm, ich hab' ganz blaue Füße und kalte Zehen!"

Karin schluckte: „Sie wissen aber schon, dass Sie beim Tierarzt sind?"

„Natürlich", tönte es ungeduldig aus der Gegensprechanlage, „aber er hat mir letztes Jahr mit meiner Schulter auch so geholfen!"

„Ja also, da muss ich ihn erst einmal fragen!"

„Fragen Sie ihn, fragen Sie ihn! Ich melde mich wieder!" Damit verschwanden die Hemdknöpfe aus Karins Blick.

Obwohl sie es schon eilig hatte, rief sie mich an. „Du, da war so ein komischer Mann, der wegen seiner blauen Füße unbedingt zu Dir wollte …"

Ich dachte kurz nach: „So ein großer *Loder*?" (Regionaler Begriff für einen kräftigen hochgewachsenen Kerl.)

„Offensichtlich. Weil außer seiner Hemdbrust habe ich nichts von ihm erkennen können."

Ich grinste: „Der Kilian! Das ist typisch für ihn!"

„Was machst Du jetzt mit ihm?"

„Keine Ahnung! Aber wie ich ihn kenne, gibt er nicht so schnell auf."

Da ich die Sache höchst lustig fand, wählte ich die Nummer seines ehemaligen Hausarztes, der ein guter Bekannter war, weil seine Frau und Karin dieselbe Klasse in der Linzer Körnerschule besucht hatten, und der ganz in unserer Nähe wohnte. So klein ist die Welt.

„Du", begann ich, „jetzt muss ich Dir was erzählen. Ihr Ärzte habt ja ein schönes Image, wenn Eure Patienten lieber zum Tierarzt pilgern." Ich schilderte ihm genüsslich den Vorfall.

Er lachte etwas gequält: „Die Geschichte kenn' ich schon!"

„Wieso kannst Du sie kennen? Das war vor zehn Minuten?"

„Weil der Kilian sich auf seinen Traktor geschwungen hat, zu mir heraufgefahren ist und sich beschwert hat, dass Du nicht zuhause warst."

„So ein Depp! Was glaubst Du denn, was er hat?"

„Ein postthrombotisches Syndrom! Hat er schon länger. Scheint aber wieder ärger geworden sein."

„Und? Hast Du ihm was gegeben?"

„Mein Lieber! Ich bin seit vier Jahren in Pension. Außer einem doppelten Marillenbrand habe ich ihm nichts anbieten können!"

Am nächsten Tag in der Früh verstaute ich noch schnell ein paar Medikamente im Wagen. Dabei hatte ich schon das Garagentor geöffnet, was sich als Fehler entpuppte, weil das sich nähernde Tuckern eines Traktors signalisierte, dass der Kilian seine Drohung, sich wieder zu melden, in die Tat umsetzte. Gottergeben wartete ich, bis sein Gefährt um die Ecke bog.

„Ah, Herr Dokter! Jetzt erwisch' ich Sie. Schau'n Sie sich meine Füße an!"

Er stellte sich vor mich hin, zog die Schuhe samt den Socken aus und lüftete die Hosenbeine. Barfuß stand er auf dem nicht ganz sauberen Garagenboden.

Da schaute ich wirklich. Bis zur halben Wade hatte sein Gehwerkzeug eine blauviolette Verfärbung.

„Und eiskalte Zehen!", ergänzte er, „wollen Sie einmal fühlen?"

„Ich glaube es Ihnen auch so", wehrte ich ab. „Das sind offenbar massive Durchblutungsstörungen. Damit sollten Sie schleunigst zum Arzt gehen!"

„Sie sind ja einer!"

„Ja, aber ein Viechbader, wie Sie sich auszudrücken pflegen!"

Der Kilian feixte: „Na und? Manche behaupten ja sowieso, ich bin ein Urviech!"

Das war nicht ganz von der Hand zu weisen. Und weil ich wusste, dass er zuerst eine Behandlung von mir erwartete, drückte ich ihm eine Salbe aus Rosskastanienextrakt in die Pfoten. Rosskastanie ist bekanntlich gut gegen alle Arten venöser Stauungen. „Und heiße Heublumenbäder schlage ich vor!"

„Na also!" Der Kilian strahlte: „Was kostet die Paste?"

„Nichts!" Angesichts der dreißig Lahmheiten- & Wundsalben glaubte ich, mir das Defizit leisten zu können.

Während der Kilian seine Adjustierung wieder in Ordnung brachte, sah ich zu, dass ich weiterkam.

Nach ein paar Wochen läutete es erneut an der Haustüre. Als Karin die Gegensprechanlage einschaltete, waren wiederum nur die bekannten Hemdknöpfe zu sehen.

„Ich will mich nur beim Doktor bedanken! Die Füße sind nicht mehr so blau und die Zehen so kalt! Ich habe ihm einen Käse in den Warteraum gelegt."

„Fein", sagte Karin. Hoffentlich stammt der nicht von seinen Füßen, hoffte sie insgeheim.

Als ich das nächste Mal dem Kilian auf dem Traktor begegnete, riss er wie gewohnt die Hand zum Gruß empor. Zum Glück ließ er zumindest die Beine unten. Vielleicht aber auch nur, weil hinter mir die Polizei fuhr.

Der Stier mit Sodbrennen

Ich hatte schon die Autoschlüssel in der Hand, als das Telefon läutete. Natürlich genau zu Mittag.

„Lass nur, ich gehe noch schnell ran!“, rief ich Richtung Küche, wo Karin sich gerade im Schweiße ihres Angesichts abmühte, ein leicht exotisches Gericht nach einem neuen Rezept zuzubereiten, das offenbar ziemlich aus der Pfanne prasselte und spritzte. Sie war ohnehin schon leicht genervt, weil vor fünf Minuten der Hintersteinerbauer angerufen hatte, er hätte einen Notfall, der keinen Aufschub duldete. Dem Stier ginge es gar nicht gut, präzisierte er.

„Keine Ahnung, was aus dem Essen wird, wenn Du wieder zurückkommst“, hatte sie bekrittelt, „weil ich um eins in der Schule sein muss.“

Da ich es war, der ihr dieses neue Rezept vorgeschlagen hatte, empfand ich leichte Gewissensbisse und fühlte mich um des lieben Friedens willen bemüßigt, meine ebenso liebe Frau, die sonst die Telefonate, soferne sie konnte, für mich in Empfang nahm, im Moment zu entlasten.

„Ja?“, fragte ich gedehnt in das Telefon.

Ein Mann, unzweifelhaft bundesdeutscher Herkunft, meldete sich: „Ich hab’ da ’ne Englische Bulldogge, die sich am Stacheldraht einen tollen Riss im Fell geholt hat. Er blutet zwar nicht, aber die Wunde muss genäht werden. Kann ich mal eben mit ihr bei Ihnen vorbeischauen?“

„Leider, ich bin auf dem Weg zu einem Notfall. Bitte fahren Sie zum Nachbarkollegen, der ist Kleintierpraktiker.“

„Ach nee! Der ist aber toll weit weg!“

Toll, offenbar sein Lieblingswort, weit weg bedeuteten nicht ganz vierundzwanzig Kilometer! Solche Tierbesitzer, die es nicht der Mühe wert fanden, im Interesse ihrer Vierbeiner eine kurze Strecke in Kauf zu nehmen, hatte ich schon gefressen. „Also wenn es mein Hund wäre, würde ich noch viel weiter fahren", schnappte ich, „und wenn Ihnen das zu weit ist, schaffen Sie sich einen Teddybären an. Wenn der ein Loch im Pelz hat, kann man ihn zur Reparatur einschicken!"

Wütend feuerte ich den Hörer auf die Gabel oder wie das Ding auf den modernen Geräten halt heißt. Wahrscheinlich hielt er mich jetzt für einen tollen Flegel, ging mir durch den Kopf.

Karin, die ihren Brandherd offenbar gelöscht hatte, kam kopfschüttelnd aus der Küche: „Also weißt Du, Du warst schon immer sarkastisch. Aber mit dem Alter hat das eindeutig zugenommen."

„Sarkasmus, meine Liebe", erklärte ich triumphierend, „ist die Pumpgun des Intellektuellen!"

Um einer weiteren Diskussion vorzubeugen, stürmte ich in die Garage und ließ den Motor an.

Der Hintersteiner erwartete mich vor dem Stall und trat dabei ungeduldig nach Tanzbärenart von einem Bein auf das andere. Nur der Nasenring fehlte.

„Was ist das Problem?" Ich sprang aus dem Wagen, schnappte mir einen Rektalhandschuh und das Stethoskop, klopfte an meine linke Seitentasche der Hose, um mich zu vergewissern, dass das Fieberthermometer am gewohnten Platz war, und marschierte hinter dem Bauern her in den Stall.

„Da", sagte der Hintersteiner und zeigte auf einen Jungstier, der in halbrechter Seitenposition auf dem Boden lag, den Kopf komatös zur Schulter hin gebeugt, und leise vor sich hin stöhnte.

Die Hungergrube, das ist jene Stelle, wo sich der Pansen zwischen der letzten Rippe und dem Hüfthöcker befindet, wölbte sich ziemlich hervor. Der Tierkörper fühlte sich relativ kalt an, die Aftertemperatur zeigte siebenunddreißigkommavier Grad, also deutlich unter der Norm, und hinter dem Stier hatte sich eine breite Lache dünnflüssigen Kotes auf der Gummimatte ausgebreitet, die eine gelbgrüne Farbe und einen scharfen säuerlichen Geruch aufwies.

Was mir überhaupt nicht gefiel, waren die bereits tiefliegenden Augäpfel.

„Seit wann hat er denn das?“

„Seit gestern. Der Kerl hat sich vorgestern von der Anbindung losgerissen und über einen Sack Hendlfutter hergemacht.“

„Dann ist alles klar! Es handelt sich um schwere Pansenacidose!“

„Was ist eine Pansendose?“, fragte der Hintersteiner, für den Fremdwörter reine Fremdwörter waren.

„Eine Übersäuerung des Magens! So eine Art Sodbrennen!“

Der Hintersteiner nickte: „Sodbrennen habe ich öfter. Das ist zwar unangenehm, aber doch nicht so schlimm?“

„Bei Wiederkäuern liegt die Sache ein bisschen anders. Die übermäßigen Kohlenhydrate, wie sie im Hühnerfutter mit seinem hohen Mais- und Getreideanteil vorkommen, fangen zu gären an und senken den pH-Wert im Pansen. Dadurch wird auch das Blut sauer und schädigt die Organe. Warum haben Sie nicht schon gestern angerufen? Dann wäre noch genug Zeit gewesen, die Übersäuerung einzudämmen.“

„Weil er zuerst nicht so schlecht beieinander war. Zur *Jaus'n* (regionale Bezeichnung für alles Mögliche zur späteren Nachmittagszeit, zum Beispiel Besamungen, Heimkehr des Bauern von der Arbeit, Fütterung usw.) hat er nichts mehr gefressen, aber da habe ich mir gedacht, wenn ich drei Mal zu Mittag esse, habe ich am Abend auch keinen rechten Hunger mehr.“

Oh heilige Einfalt! Dass manche Bauern noch immer von sich auf ihre Tiere schließen!

„Wird er sterben?“

„Das kann ich Ihnen noch nicht beantworten. Jedenfalls ist der Zustand ernst. Manchmal löst sich sogar die gesamte Pansenschleimhaut ab und dann ist finito.“

„Der arme Poldi. Mein bester Jungstier! Hätte mein nächster Zuchtstier werden sollen!“

„Na, noch ist Hopfen und Malz nicht gänzlich verloren“, bemühte ich eine alte Bierbrauerweisheit. „Einen Versuch ist es immer noch wert!“

Ich kniete mich neben Poldi auf die Gummimatte und legte ihm die Staukette um die Halsvene. Dazu mussten wir ihn gar nicht groß fixieren, er ließ es einfach apathisch über sich ergehen. Der Hintersteiner hatte am Telefon Recht gehabt. Es ging dem Stier nicht gut. Nach der Traubenzuckerinfusion, die reichlich Bicarbonat enthielt, um den pH-Wert des Körpers wieder zu stabilisieren, drückte ich dem Bauern zwei Päckchen Pulver, die das Gleiche im Pansen bewirken würden, zum Eingeben in die Hand und versorgte ihn noch nebenbei mit einem guten Rat: „Lassen Sie nie offen Futter im selben Raum stehen, wo sich die Tiere befinden. Morgen schaue ich nochmals nach Poldi!“

Als ich heimkam, war die Garage leer, Karin in der Schule und die indische Reispfanne sehr exotisch, weil mittlerweile ziemlich trocken.

Obwohl ich noch andere dringende Visiten hatte, drängte es mich am nächsten Tag zuallererst auf den Hintersteinerhof.

Zu meiner großen Erleichterung empfing mich der Bauer mit einem Gesichtsausdruck, der zur Hoffnung Anlass bot. Und tatsächlich, dem Stier ging es eindeutig besser. Der Kot roch zwar noch immer etwas säuerlich, hatte aber schon eine breiige Konsistenz angenommen, die Körpertemperatur war auch schon gestiegen und, das Beste, Poldis Augen lagen nicht mehr tief und trüb in den Höhlen, sondern besaßen wieder Glanz.

Er zeigte sich gegenüber gestern auch schon wesentlich lebhafter, sprich wehrhafter, als ich die Behandlung vom Vortag wiederholte.

„So, ein paar Tage lang gutes Heu, dann ist er wieder der Alte!“, beschloss ich meine Visite.

Ich sollte Recht behalten. Poldi entwickelte sich in der Folge zum prächtigen Zuchtstier und bescherte dem Hintersteiner eine Menge hübscher Kälber.

Eines Tages musste ich aber doch wegen einer künstlichen Besamung auf den Hof, weil es sich bei der Kuh diesmal um Poldis Mutter handelte – und mit Inzucht machst Du Dir beim Zuchtverband keine Freunde.

Der Hintersteiner hatte mittlerweile den Stall erweitert und einen Laufstall daraus gemacht.

„Ich werde nicht da sein", hatte er am Telefon gemeint, „weil ich einen Termin auf der Bauernkammer habe. Förderungsansuchen, Sie wissen schon. Aber ich habe Ihnen alles aufgeschrieben, die Kuh ist markiert und im Fressgitter eingesperrt."

Was er nicht gesagt hatte und ich bei meinem Eintreffen feststellen musste, war, dass das Türchen, durch welches man die Kuhabteilung betrat, dermaßen verbogen war, dass es sich nicht öffnen ließ. Zumindest nicht mit einer Hand, in der anderen hatte ich ja die Besamungspistole samt Samenröhrchen, Plastikhülle und Schere. Also blieb nur der Weg durch die Laufbox von Poldi, was mich jetzt nicht sonderlich störte, denn der Stier steckte offensichtlich ebenfalls mit dem Kopf im Fressgitter. Aber man soll nichts auf den Augenschein geben.

Sobald ich zwei Schritte in sein Arreal getan hatte, grummelte er und zerrte den Schädel heftig aus der Absperrung. Wahrscheinlich war die Arretierung wegen seines dicken Halses nicht vollständig eingerastet gewesen. Er drehte sich in meine Richtung und musterte mich aus nachdenklichen Augen, wobei seine Gedanken, soweit ich sie lesen konnte, nicht unbedingt freundlich waren.

„Hallo Poldi. Du hast Dich ja bestens herausgemausert, alter Bursche", versuchte ich, ein bisschen Spannung aus der Atmosphäre zu nehmen, aber Poldi hatte offenbar keinen Bock auf Komplimente. Endlich schien er zu einem Entschluss gekommen zu sein, denn er senkte den Kopf und begann, mit dem Vorderfuß zu scharren. Das war kein gutes Zeichen! Was sollte ich tun? Mich an ihm vorbei zu den Kühen hinüberzuretten, ging nicht, weil er mir den Weg versperrte. Also blieb nur die Richtung, aus der ich gekommen war. Der Rückzug erinnerte ein bisschen an den der Napoleonischen Armee aus Russland, nur ging er bei mir wesentlich schneller.

Allerdings nicht schnell genug. Bevor ich die Box wieder schließen konnte, immerhin hatte ich ja noch immer das vermaledeite Besamungszeug in der Hand, war Poldi bereits zur Stelle. Ein wuchtiger Kopfstoß riss mir die Türe aus der Hand und der Stier war bereits halb auf dem Gang, den ich nun nach Leibeskräften entlangrannte.

An sich ist es ja ein Blödsinn, einem Stier durch Laufen entkommen zu wollen, nicht einmal mit den besten Sportschuhen von Olympiasprintern und schon gar nicht in Gummistiefeln. Aber vielleicht, und vor allem hoffentlich, gelang es mir, vor ihm den schmalen Stiegenaufgang zum Heuboden hinauf zu erwischen. Dorthin konnte er mir nicht folgen, dazu war er zu dick.

Aber soweit musste ich gar nicht kommen, weil Poldi plötzlich abbremste. Er hatte den Sack mit Hühnerfutter, der schon wieder an der Stallwand lehnte, erspäht oder gewittert, jedenfalls brach er die Verfolgung ab, weil irgendetwas in seiner Erinnerung ihm sagte, dass das damals ganz prima geschmeckt hatte. Er tauchte seine Nase in die Mais-Getreidemischung und begann genüsslich, sich das unerwartete Angebot einzuverleiben.

Himmelarschundzwirn! Ich stand dieser Völlerei vollkommen hilflos gegenüber und musste zusehen, wie sich das Vieh die nächste Pansenacidose anfraß. Oder hat schon wer einmal versucht, einen ohnehin nicht leutselig aufgelegten Stier von der Futterquelle zu vertreiben? Mundraub gilt auch im Tierreich als Verbrechen und Poldi war ganz und gar in der Stimmung, dafür die Todesstrafe zu verhängen.

Das Einzige, das mir übrigblieb, war, dem Hintersteiner erneut zwei Päckchen mit dem Acidosepulver in einem zusammengebundenen Rektalhandschuh außen an die Stalltüre zu hängen mit dem Vermerk: „Sobald wie möglich eingeben, sonst ist morgen der Stier schwer krank.“

Am nächsten Tag rief der Hintersteiner an, ich möchte doch bitte nach Poldi sehen, er frisst nichts.

Wie ich erwartet hatte, war das Rindvieh, im wahrsten Sinne des Wortes, von einer Pansenacidose verschont geblieben, hatte aber natürlich trotzdem eine veritable Verdauungsstörung. Aber diesmal war die Geschichte nicht dramatisch. Ich gab ihm eine Spritze, verordnete ein Mittel zur Magenstimulanz und eine Drei-Tages-Heudiät.

Aus Ärger, dass der Hintersteiner meine Warnung, Futter im Stall aufzubewahren, in den Wind geschlagen hatte, hielt ich den Mund und verzichtete auf eine Aufklärung. Das sollte sich auszahlen, ganz nach dem Sprichwort: Reden ist Silber, Schweigen ist Gold!

Weil mir der Wagnerbauer in der darauffolgenden Woche breitgrinsend mitteilte: „Na, mit dem Hintersteiner haben Sie sich ja einen Fan aufgerissen!"

„Wieso?"

Der Wagner lachte: „Der Mensch hat am Sonntag im Wirtshaus jedem, den er erwischt hat, vorgeschwärmt: ‚So einen Tierarzt muss man einmal finden! Weiß schon im Voraus, dass der Stier am nächsten Tag was hat!'"

Liebe geht unter die Haut

Haus und Stallgebäude vom Strampflgut hätten für jeden Historienfilm eine authentische Kulisse abgegeben. Das Haus stammte aus dem frühen siebzehnten Jahrhundert, wenn man der in den Türbalken eingeschnitzten Jahreszahl trauen durfte. Der Stall war zwar zwischenzeitlich einmal abgebrannt, hatte aber auch schon mehr als zweihundert Jahre auf dem Buckel, will sagen, den Dachschindeln.

Und der Strampflbauer selbst, der Letzte seiner Sippschaft, weil unbeweibt und daher auch kinderlos, zumindest wusste er von keiner Vaterschaft, passte haargenau in diese Idylle, um den hätte sich ebenfalls jeder Regisseur für eine Komparsenrolle gerissen. Weil original!

Sein Alter ließ sich nicht einschätzen, und als ich ihn einmal danach fragte, erklärte er, er wüsste es selbst nicht genau. So achtzig oder mehr, um Formalitäten hätte er sich zeitlebens nie gekümmert.

Er war ein dürrer Mann von mittlerer Größe, kein Gramm Fett auf den Rippen und unter der scharfen Hakennase wucherte ein grauer Vollbart, mit dem man eine Seegrasmatratze neu hätte stopfen können.

Sommers wie winters trug er eine ausgeschossene Lodenweste und eine Lederhose, deren ursprüngliche Farbe nicht mehr zu erkennen war, die jedoch infolge der beständigen Stallarbeit von selbst starr in der Ecke stehen würde, täte sie der Strampfl in der Nacht ausziehen, woran ich beträchtliche Zweifel hegte.

Graue Kniestrümpfe und ein speckiger Filzhut mit einem räudigen Gamsbart vervollständigten sein tägliches Erscheinungsbild. Als unerlässliches Attribut hielt er eine Gesteckpfeife aus Holz zwischen den gelben Zähnen, was seiner Redeweise einiges an Verständlichkeit raubte.

Ein Tierarzt, der lauter solche Kunden hätte, würde binnen Kürze genauso daherkommen, weil eine Visite am Strampflgut ein Ereignis war, das vielleicht nur alle Schaltjahre einmal passierte.

Diesmal aber musste es sein.

„Servus Doktor", nuschelte der Strampfl und kratzte sich zur Begrüßung ungeniert am Hosenboden.

„Was gibt es für ein Problem", fragte ich und war heilfroh, dass er mir nicht die Hand gegeben hatte, weil ich auf den ersten Blick den hässlichen Ausschlag an seinen Händen und teilweise Unterarmen erkennen konnte.

„Ein Kalb! Gestern auf die Welt gekommen. Trinkt nicht!" Mit den Worten ging er ebenso sparsam um, wie mit allen anderen Dingen, vor allem der Hygiene.

„Schlecht", antwortete ich. Wenn er mundfaul war, stand mir auch nicht der Sinn nach Volksreden.

Das Kalb lag in seinem Kobel und atmete schwer. Obwohl ich vermutete, was die Ursache war, steckte ich ihm der Vollständigkeit halber das Thermometer in den Hintern. Genau wie ich dachte, normale Temperatur.

„Lungenentzündung?", blies der Strampfl in einer Rauchwolke heraus.

„Weißfleischigkeit!"

„Sie können sein Fleisch doch gar nicht sehen?" Offenbar fand er, ein wenig Skepsis konnte nicht schaden.

Jetzt musste ich doch etwas weiter ausholen: „Das ist auch nicht nötig. Weißfleischigkeit nennt man einen Selen- und Vitamin-E-Mangel. Die Muskeln können nicht richtig funktionieren. Die Zwerchfellmuskulatur ebenso wenig wie die Schlundmuskulatur. Kann es aufstehen?"

„Mit Mühe. Und nicht lange."

„Na, da haben wir es ja. Aber keine Sorge, eine Spritze und in vierundzwanzig bis achtundvierzig Stunden ist alles in Ordnung."

Während ich zum Wagen marschierte, um das Medikament zu holen, musterte ich im Vorübergehen die kleine Kuhherde.

Nachdem ich dem Kalb die Injektion verpasst hatte, fragte der Strampfl. „Was kostet das?"

Ich nannte ihm den Preis, worauf er nuschelte: „Auch schon einmal billiger gewesen", worauf ich lachte: „Ja, vor acht Jahren, als ich das letzte Mal hier war. Damals war alles billiger!"

Der Strampfl förderte aus der Brusttasche einige zerknüllte Geldscheine zutage und wollte sie mir geben.

Angesichts seines Hautzustandes machte ich jedoch keinen Gebrauch davon und sagte: „Ich schicke Ihnen in den nächsten Tagen einen Erlagschein!"

„Wie Sie wollen", zuckte er die Schultern und ließ den Mammon wieder verschwinden.

„Was tun Sie eigentlich gegen Ihren Ausschlag?", wollte ich wissen.

„Schnaps und Lärchpech!", nuschelte er und ließ mich im Ungewissen, was er davon innerlich anwendete.

„Nicht gut", sagte ich.

„Wissen Sie denn, was das ist?"

„Ich habe mir vorher Ihre Kühe angeschaut. Die mittlere hat Euterpocken, an der haben Sie sich angesteckt."

„Ich hab' die Pocken?", fragte er entgeistert und schaute entsetzt auf die kreisrunden Geschwüre.

„Nur die Kuhpocken", beruhigte ich ihn.

Kuhpocken oder falsche Pocken, auch Pseudopocken genannt, werden durch ein Paraboxvirus verursacht, welches jedoch, im Gegensatz zu den oft tödlich verlaufenden echten Pocken, unangenehme, aber harmlose Hautveränderungen hervorruft, die binnen sechs bis acht Wochen ohne Narbenbildung wieder abheilen. Sie kommen vor allem auf den Zitzen von Kühen, Schafen sowie Ziegen vor und werden durch Kontakt auch auf den Menschen übertragen.

Der englische Arzt Edward Jenner hatte beobachtet, dass jemand, der die Kuhpocken bereits gehabt hatte, nicht mehr an den echten Pocken erkranken konnte. Es musste sich um eine

Verwandtschaft handeln. Von Erregern wusste man damals noch nichts, aber so kam er auf die Idee, mit der harmlosen Variante eine künstliche Infektion als Schutz gegen die bösartige Form zu erzielen.

Die Impfung war geboren. Und da das Serum aus der Lymphe kranker Kühe stammte und die Kuh auf Latein, der damaligen Gelehrtensprache, *vacca* heißt, spricht man bis heute bei allen möglichen Impfungen von Vaccinationen. 1796 wandte Jenner zum ersten Mal diese neue Methode bei einem Knaben an.

Selbst im alten Studentenlied „Ich bin der Doktor Eisenbarth" findet die Vaccination gegen Kuhpocken ihren Niederschlag:

Zu Ulm kurierte ich einen Mann,
wiwide witt, bumm bumm,
dass ihm das Blut vom Beine rann,
widewide witt, bumm bumm.
Er wollte gern gekuhpockt sein,
widewide witt juchheiraßa,
ich impft' 's ihm mit dem Bratspieß ein,
widewidewitt, bumm bumm!

Wegen der Ansteckung durch Melken nannte man die Hautveränderungen Melkerknoten. Heutzutage sind diese fast vollständig von der Bildfläche verschwunden, weil das Handmelken ebenfalls der Vergangenheit angehört.

Der Strampfl, natürlich, bildete eine Ausnahme. Er tat sich mit seinen drei Kühen dabei aber auch leicht. Vor zwanzig Jahren hatte ihm ein Nachbar eine alte mobile Melkmaschine geschenkt, weil er selbst auf eine damals moderne Rohrmelkanlage umgesattelt hatte. Das Trumm sah aus wie ein umgebauter Rasenmäher und machte auch so einen Krawall.

Ich bin mir sicher, der Strampfl hatte das Präsent kein einziges Mal benutzt. Er hatte es lieber, während des Melkens dem Fressen seiner Kühe, die sich an duftendem Heu gütlich taten, und dem Vogelgezwitscher im Apfelbaum vor dem Stallfenster zuzuhören.

Nachdem ich ihn aufgeklärt hatte, meinte er: „Und, haben Sie was dagegen?“

„Gegen das Virus gibt es nichts. Damit muss das Immunsystem selbst fertig werden. Aber ich habe was, mit dem die Heilung schneller geht.“

Ich übergab ihm mit spitzen Fingern eine Dose Zinkspray und eine Tube Propolis-Salbe.

„Zuerst einsprühen, damit die nässenden Stellen austrocknen, und nachher die Salbe auftragen.“

„Tausend Dank, Doktor“, sagte der Strampfl und eh ich mich versah, drückte er mir doch die Hand. „Aber kommen Sie erst in acht Jahren wieder!“

„Gern, dann wird es aber wieder teurer“, lautete meine trockene Antwort auf seine freundliche Einladung.

Ehe ich in das Auto stieg, rubbelte ich mir die Hände mit reichlich Desinfektionsmittel ab. Ich wusste, was ich tat. Weil, wenn jemand bezweifeln sollte, dass Kuhpocken nicht von Mensch zu Mensch übertragbar waren, ich den schlagenden Gegenbeweis hatte.

Der begann am Lahnerhof.

Zuvor hatte ich im Zuge einer spätabendlichen Visite in der Dämmerung abseits auf einem selten befahrenen Waldweg das Auto vom jungen Lahnerbauern registriert. Jeder im Ort wusste, dass der Lahner junior, trotz seines noch jungfräulichen Führerscheins, ein rasanter Fahrer war, der seinen tiefergelegten Golf in der kurzen Zeit schon mehrmals an ein Hindernis gelehnt hatte, das stabiler war als das Karosserieblech. Weil aber das Geld für die Reparaturen fehlte, ähnelte der Silbermetallic-Wagen mittlerweile einer zerknitterten Alu-Folie. Jetzt parkte der ramponierte Bolide an einer an sich sehr abgelegenen Stelle, aber den Tierarzt auf seinen Schleichwegen hatte das Pärchen nicht auf der Rechnung.

Gleichzeitig erkannte ich nämlich die Umrisse zweier Personen, die sich gemeinsam auf dem Fahrersitz befanden. Etwas unbequem, wie ich fand, aber für bestimmte Vorhaben unerlässlich und die tierärztliche Schweigepflicht galt für mich auch in Bezug auf zwischenmenschliche Beziehungen. Ich konnte nur hoffen, dass der Lahner dort nicht wieder einen unvorhersehbaren Unfall baute, diesmal mehr biologischer Natur.

Als ich nun auf dem Kohlhauserhof eine zahnende Kalbin von ihrem störenden Backenzahn befreit hatte, musste mir die siebzehnjährige Tochter des Hauses, die Hanni, assistieren.

Der Kohlhauser hatte sich nämlich bei der Holzarbeit eine Quetschung an beiden Vorderpfoten zugezogen und trug für einige Wochen Gips.

Die Handleiden schienen zur Zeit dort Einzug gehalten zu haben, weil auch die Hanni, ein hübsches brünettes Mädel, Handschuhe anhatte.

„Nanu", flachste ich, „schon die Ballhandschuhe für das Jägerkränzchen übergestreift?"

„Nein", sagte sie und wurde verlegen, „ich habe so einen scheußlichen Ausschlag bekommen." Sie zog die Handschuhe aus und präsentierte mir das typische Erscheinungsbild von Kuhpocken.

Das allerdings verwunderte mich ein wenig, war doch der Kohlhauser einer der ersten im Tal gewesen, der sich einen automatischen und computergesteuerten Melkstand zugelegt hatte.

„Wir haben eine Kuh, die so grausliche *Pletzen* (regionaler Ausdruck für fleckenhafte Hautveränderungen) auf den *Tutten* (regionaler Ausdruck, aber ohne Bedarf der näheren Erklärung) hat. Weil ich meine Pratzen nicht gebrauchen kann, habe ich Hanni angewiesen, die Zitzen zwei Mal täglich mit einer Heilsalbe einzuschmieren. Dabei muss sie sich infiziert haben. Es schaut aber so aus, als wenn der Schmarrn einfach nicht weggeht."

Eine weitere Dose Zinkspray wechselte den Besitzer.

Erst auf dem Lahnerhof wurden mir die Zusammenhänge klar. Ich sollte dort im Auftrag der Amtstierärztin eine Blutprobe von einer Kalbin, die vor wenigen Tagen verworfen hatte, ziehen. Weil das Mistvieh gerne ausschlug, wählte ich statt der Schwanzvenenmethode lieber die traditionelle Variante aus der Halsvene. Dazu musste das Tier gut im Schwitzkasten gehalten werden und diese Aufgabe übernahm der muskulöse Jungbauer. Auf seinen sehnigen Armen und Händen befanden sich die eindeutigen Anzeichen von Melkerknoten.

„Jö, schau, Sie haben ja die Kuhpocken!", rief ich aus.

„Unsere Kühe haben keine Kuhpocken", erwiderte der alte Lahner scharf, während der junge nur verlegen grinste.

Ich zwinkerte ihm verschwörerisch zu.

Als ich nach Hause kam, gab ich Karin einen herzlichen Kuss, wie es vielleicht auch Sherlock Holmes bei Doktor Watson getan hätte, wenn ihm die Lösung des Rätsels gelungen wäre. Anschließend stürmte ich hinauf in mein Büro im zweiten Stock und vertiefte ich mich in mein altes Lehrbuch über Infektionskrankheiten bei Wiederkäuern. Dort stand im betreffenden Kapitel: Pseudopocken werden durch den Kontakt mit erkrankten Tieren übertragen, besonders betroffen sind Landwirte, Almhirten und Tierärzte.

Von Verliebten wusste der Verfasser offenbar nichts.

Auch Du, mein Sohn Brutus

Am frühen Morgen, ich hatte mir nach einer Nachtschicht bei einem Kolikpferd noch eine verlängerte Mütze Schlaf gegönnt, überraschte mich Karin, die schon aufgestanden war, um sich für die Schule fertig zu machen, mit der Nachricht: „Eine alte Freundin von Dir hat angerufen!“

„So?“, gähnte ich, „ich war der Meinung, nur junge Freundinnen zu haben.“

„Und ich habe gehofft, Du hättest gar keine!“

„Also, los, spuck's schon aus. Wer war es?“ Es heißt zwar, Morgenstund hat Gold im Mund, aber Geplänkel zählt nicht zu den Edelmetallen.

„Die Gräfin Waldenfels!“

Das war tatsächlich eine Überraschung! Ich hatte schon eine Ewigkeit nichts mehr vom Waldenfelsgut gehört. Man wird sich vielleicht an mein erstes Buch erinnern, in dem die Geschichte mit Farah, der inkontinenten Rottweilerhündin, die noch dazu ein leicht giftiges Wesen besaß und die ich mit homöopathischen Tropfen von beiden Übeln befreien konnte. Und da das eine Medikament so eine günstige Wirkung auf ihr Verhalten ausgeübt hatte, hatte die Gräfin, die manchmal unter dem herrischen Charakter des nicht nur blau- sondern auch heißblütigen Göttergatten litt, jenem die Tropfen in den Kaffee geschmuggelt. Und siehe da, auch in diesem Fall bewirkte die vielgeschmähte Homöopathie eine deutliche Besserung der Situation.

Die Waldenfels stammten ursprünglich aus Ostpreußen. Nach der Flucht im Zweiten Weltkrieg erwarb der Graf hier den heruntergekommenen Gutshof, setzte ihn instand und begann, nach alter Familientradition, eine Trakehnerzucht erster Güte. Ich hatte mit den Pferden kaum etwas zu tun, dafür holte er einen Fachtierarzt aus dem Bayerischen Grenzgebiet. Als der eines Tages wegen einer Dopingaffäre auf der Rennbahn verhaftet wurde, hoffte ich, in die Bresche springen zu dürfen, aber Waldenfels setzte offenbar kein allzu großes Vertrauen in meine hippologischen Fähigkeiten, weil er kurz danach einen anderen Spezialisten fand.

Ich war daher einigermaßen gespannt, was die Gräfin von mir wollte. Um Farah und ihren Mann konnte es sich diesmal nicht handeln, die Hündin hatte schon längst das Zeitliche gesegnet und auch der Graf war vor etwas mehr als zwei Jahren gestorben. Die Pferde hatte man nach seinem Tod verkauft.

Als ich nun durch das imposante Tor mit den zwei Pferdeköpfen aus Untersberger Marmor einfuhr, herrschte am Hof nicht die übliche Betriebsamkeit, die ich von früher kannte. Auch das Dienstmädchen, welches mir auf mein Läuten öffnete, war ein anderes als bei meinem letzten Besuch.

„Die Frau Gräfin erwartet Sie!" Sie führte mich nach links in den Salon.

Als ich die Gräfin auf dem Sofa sitzend sah, war ich innerlich erschüttert. Kein Zweifel, sie war alt geworden. Aber vermutlich dachte sie das auch von mir. Ihre feinen Gesichtszüge, die mich immer ein bisschen an Catherine Deneuve erinnert hatten, waren schärfer geworden und unzählige Fältchen hatten sich um Augen und Mund gegraben. Meinem tierärztlich geschulten Blick, beim Betreten eines Stalles auch auf Dinge ringsumher zu achten, entgingen auch nicht die leicht deformierten Finger. Offenbar litt sie an Gicht.

„Fein, dass Sie Zeit gefunden haben, Herr Doktor!" Sie bedeutete mir, mich zu setzen. „Darf ich Ihnen etwas anbieten? Tee, Kaffee oder vielleicht einen Cognac?"

Ich verneinte.

„Aber Rauchen müssen Sie unbedingt! Ich liebe den Geruch von edlem Pfeifentabak. Der Graf hat es leider nie dazu gebracht, er ist bei seinen Zigarren hängengeblieben."

Befehl ist Befehl. „Mit Verlaub." Ich zog die Pfeife aus der Tasche und begann, sie zu stopfen. Erfreulich, dass es noch Leute gab, die nicht jeden Tabakliebhaber gleich in die Kategorie „Massenmörder" einordneten.

„Ja", begann sie erneut, „es ist schon eine Weile her seit unserer letzten Begegnung."

„Naja, nachdem Sie keinen Hund und keine Pferde mehr haben, nur logisch." Ich überging diskret die Tatsache, dass ihr Mann mich an seine Trakehner nie herangelassen hatte.

Sie seufzte: „Das mit den Pferden musste sein, ich verstehe davon zu wenig und mein Sohn lebt in Graz, wo er eine große Anwaltskanzlei leitet und praktisch nie Zeit findet, mich wenigstens zu besuchen."

„Und Ihre Tochter?", erkundigte ich mich höflich. „Die war doch immer so eine Pferdenärrin und hat sogar Turniere bestritten."

„Ach, die hat doch diesen Diplomaten geheiratet, der vor allem Angst hat, was vier Beine besitzt, und wenn es der Esszimmertisch ist." Sie drehte den Kopf, damit ich ihre feuchten Augen nicht sah, gegen das Fenster: „So sitze ich nun allein auf dem Riesenbesitz. Ganz bestimmt werden die Kinder nach meinem Ableben alles sofort verkaufen!"

Obwohl sie sicher das x-fache Bankkonto im Vergleich zu meinem besaß, was allerdings nicht schwer war, tat sie mir unendlich leid.

„Und womit kann ich Ihnen dienen?"

Sie drehte den Kopf wieder zu mir: „Sie müssen Brutus einschläfern!"

„Ihren Zuchthengst?"

Jetzt lächelte sie sogar: „Das war er einmal. Auch an männlichen Wesen geht die Zeit nicht spurlos vorüber. Seit Jahren erhält er sein Gnadenbrot."

„Wie alt ist er denn?"

„Neunundzwanzig."

Donnerwetter! Ein stattliches Alter!

„Und warum?"

„Er hat überhaupt keine Energie mehr. Sein Appetit lässt zu wünschen übrig, das Fell ist struppig und glanzlos und er bekommt überall Schwellungen, besonders an den Beinen. Ich will nicht, dass er leidet."

„Natürlich nicht. Hat ihn denn Ihr Tierarzt noch nicht untersucht?"

„Der hat gesagt, wegen einem einzigen alten Zossen, so hat er sich ausgedrückt, kommt er nicht mehr. Und mein Stallmeister hat gemeint, für Brutus noch Geld auszugeben, sei nicht sinnvoll. Der gehört erlöst."

Angesichts dieser Aussage des Kollegen aus den bundesdeutschen Landen hätte ich jetzt doch einen doppelstöckigen Cognac gebraucht.

„Also einschläfern kann ich Brutus heute unter Garantie nicht, weil ich das Tötungsmittel nicht an Bord habe." Ich bin überdies der Meinung, dass man Großtiere nicht medikamentell töten solle, sondern mittels Schuss. Auch wenn jetzt manche Tierfreunde aufheulen, die Methode ist, vorausgesetzt, dass sie jemand beherrscht, für das Tier wesentlich stressfreier.

Ich wollte die Gräfin aber nicht schocken. „Darf ich mir den Hengst einmal anschauen?"

„Selbstverständlich!"

Der Stallmeister, stilvoll in Kniebundhose und kariertem Jackett gekleidet, war sich offenbar zu gut dazu, Brutus persönlich aus der Box zu holen, deshalb brüllte er nach einem Gutsarbeiter.

Wie der ehemalige Paradehengst jetzt so vor mir stand, bot er tatsächlich einen jämmerlichen Anblick. Die Augen trübe, das Haarkleid, wie es die Gräfin beschrieben hatte, stumpf und die Beine geschwollen.

Ich tastete seinen Puls und bemerkte eine beidseitige Verdickung an der Luftröhre und zwar im Bereich des zweiten und dritten Trachealringes.

Kommentarlos holte ich aus dem Wagen ein Blutröhrchen samt Nadel. Der Stallmeister runzelte zwar die Stirne, wagte aber zu seinem Glück keinen Widerspruch. Nachdem ich die Probe gezogen hatte, bat ich die Gräfin wieder ins Haus.

Ich wusch mir die Hände im marmorgefliesten Bad und erklärte: „Ihr Tierarzt hat eine seltsame Berufsauffassung und der Stallmeister ist auch nicht besser. Weil ihm die deutliche Vergrößerung der Schilddrüse längst hätte auffallen müssen. Der gute Brutus hat einen ausgewachsenen Kropf. Ich schicke die Blutprobe an ein Labor, das mir die Diagnose bestätigen wird. Dann machen wir die Therapie!"

„Sind Sie sicher, Herr Doktor?"

„Ziemlich! Von Einschläfern ist noch keine Rede!"

Einige Tage später kam der Befund per Fax. Hypothyreose! Meine Diagnose war goldrichtig!

Ich bestellte das entsprechende Medikament und fuhr hinaus zum Waldenfelsgut. Dort erklärte ich der Gräfin, wie das Mittel anzuwenden wäre.

Den doppelten Cognac, den sie mir aus Freude aufdrängte, nahm ich diesmal als Siegespalme an.

Schade, dass außer Brutus keine Pferde mehr da waren, ich war mir sicher, dass ich ab nun der Pferdespezialist gewesen wäre.

Tierarzt al dente

Tierarzt zu sein, ist einer der schönsten Berufe, die es gibt, aber man darf nicht wehleidig sein. Immer wieder setzt es untertags kleinere, manchmal auch größere Verletzungen ab, die man am Abend versucht, so weit zu kurieren, dass sie am nächsten Morgen nicht mehr bei der Arbeit behindern, was aber nicht immer gelingt.

Von harmlosen blauen Flecken und Schrammen über Prellungen, Quetschungen, Zerrungen bis zu ärgeren Bisswunden und Knochenbrüchen habe ich alles schon bei weiblichen oder männlichen Kollegen gesehen oder davon gehört. Einer jungen Nachbarkollegin wurde von einer durchgehenden Kuh das Ultraschallgerät auf ihren Körper geschleudert. Diese Apparate waren damals noch keineswegs so komfortabel und klein wie heute, sondern ganz schön schwere Brocken. Als sie im Spital mit einem Nasen- und Knöchelbruch lag, stattete ich ihr einen Besuch ab und brachte, zur Erheiterung, ein paar ziemlich lustige Comic-Hefte mit. Das stellte sich als Fehler heraus. Was ich nämlich nicht wusste, war, dass sie auch noch drei gebrochene Rippen hatte, welche die Lust am Lachen gehörig dämpften.

„Hättest Du die Hefte halt nicht gelesen", verteidigte ich mich, als sie, wieder genesen, mir hinterher nicht ganz ernstgemeinte Vorwürfe deswegen machte.

„Du bist gut", sagte sie, „was glaubst Du, wie stinklangweilig es in so einem Krankenhaus sein kann."

„Na schön, das nächste Mal bringe ich Dir als Lektüre halt ‚Krieg und Frieden' oder das Pongauer Telefonbuch mit!"

Das Repertoire unserer Vierbeiner, ihren Unwillen gegen eine gutgemeinte medizinische Behandlung auszudrücken, ist eigentlich ein ziemlich überschaubares: Kühe schlagen, Pferde schlagen und beißen, Hunde und Schweine beißen nur und Katzen beißen und kratzen.

Wenn man diese Möglichkeiten kennt, hat man schon halb gewonnen.

Vielleicht hatte ich deshalb in meiner bisherigen Praxis Glück gehabt, drei Mal auf das Holzbein geklopft, dass ich von ernstlichen Blessuren verschont geblieben bin.

Lediglich zwei Mal hätte die Sache schief gehen und mir eine längere Arbeitsunfähigkeit bescheren können.

Beim ersten Mal handelte es sich um „Jonny“. Eigentlich ein blöder Name für einen Hund, so heißen höchstens Matrosen oder Filterzigaretten.

Es war an einem frühen Nachmittag im anbrechenden Frühling, ich wollte gerade die Ordination schließen, als ich ein helles Kläffen vor der Tür zum Warteraum hörte. Ich öffnete und sah mich einem ziemlich fetten Welsh Corgi, der Lieblingsrasse der Queen, gegenüber. Ich war mir aber sicher, dass es nicht Madame war, die auf einen Sprung beim Hofgasteiner Tierarzt vorbeischaute. Ich sollte Recht behalten. Eine ebenso korpulente wie künstlich erblondete Dame mit reichlich Perlen um den Hals und aufdringlichem Lidschatten schob sich ächzend durch die Warteraumtür: „Jonny hat was mit den Ohren. Dauernd beutelt er den Kopf!“

Dagegen musste was unternommen werden. Abgesehen, dass eine *Otitis externa*, eine Entzündung des äußeren Gehörganges, für das Tier äußerst unangenehm ist, besteht die Gefahr, durch das ewige Kopfschütteln eine Blutung in die Schichten der Ohrmuschel zu provozieren, was eine nicht unerhebliche Komplikation bedeuten würde.

„Hereinspaziert“, sagte ich, „setzen Sie bitte den Kandidaten auf den Tisch.“

„Er beißt aber.“

„Sie auch?“

„Mich nicht. Aber Sie!“

„Haben Sie denn keinen Beißkorb?“

„Schon. Aber daheim in Wien. Ich habe ja nicht gewusst, dass ich im Urlaub zum Tierarzt muss.“

Ich kramte in meinem Vorrat an Beißkörben. Aber da ich kein ausgesprochener Kleintierpraktiker war, hatte ich nichts auf Lager, was Jonnys grimmiger Physiognomie entsprochen hätte.

Ich griff daher zu einer Rolle Köperband, das sind Baumwollbänder, die es in verschiedenen Breiten gibt und die für alles Mögliche zu gebrauchen sind. Ich nehme sie zum Beispiel, wenn ich einen Kater kastriere, zur Fixation der gespreizten Hinterbeine am OP-Tisch.

Davon schnitt ich eine entsprechende Länge ab und fabrizierte eine Mundschlinge.

„Halten Sie ihn bitte gut fest, während ich ihm die Schlinge überstreife.“

Die Dame drückte Jonny zwischen ihr Dekolleté und ich versuchte, die Schlinge um seine Schnauze zu legen. Das erwies sich jedoch als unmöglich. Vor allem wegen des Busens. Er wehrte sich aus Leibeskräften, Jonny, nicht der Busen, strampelte wie wild um sich und schnappte nach allen Seiten, ohne dabei sein enervierendes Kläffen einzustellen. Keine schlechte Koordinationsleistung.

„Fester halten“, schrie ich, um Jonny zu übertönen.

Endlich hatte ich die Schlinge richtig platziert, aber bevor ich sie festziehen konnte, lockerte die Besitzerin den Griff, Jonny drehte blitzartig den Kopf und schlug knurrend seine Zähne in mein Handgelenk.

„Fix noch einmal“, brüllte ich, „ich hab’ doch gesagt, Sie sollen ihn fester halten!“

„Ich hab’ gefürchtet, ich tu ihm weh!“

„Schön, dass Sie wenigstens um einen besorgt sind!“ Mein Blut versaute inzwischen den Ordinationstisch.

„So, Du Gangster, jetzt ist Schluss mit Lustig!“ Ich packte den keifenden Jonny mit der Rechten am Genick oder, wie man so schön sagt, am Krawattl, drückte seinen Kopf gegen die Tischplatte und steckte ihm mit der anderen Hand das Othoskop in die Ohrwaschln. Eine hochgradige Entzündung leuchtete mir entgegen. Ich setzte den behaarten Piranha auf den Boden, übergab seiner Besitzerin ein Fläschchen Ohrmedikament mit der Anweisung „Zweimal täglich, eine Woche lang“ und kassierte, diesmal auch Schmerzensgeld.

Während ich mir die tiefe Fleischwunde mit Desinfektionsmittel ausspülte, welches höllisch brannte, hegte ich finstere Gedanken. Dergestalt nämlich, denjenigen, der das idiotische Sprichwort „Bellende Hunde beißen nicht“ in die Welt gesetzt hatte, mit Jonny bekannt zu machen.

Zum Glück waren Jonnys Beißerchen nicht bis in das Gelenk vorgedrungen, eine infektiöse Arthritis war das Letzte, was man als Tierarzt brauchen konnte.

Das zweite Mal bekam ich es mit einem noch ganz anderen Kaliber als Jonny zu tun. Am Telefon hatte der Winklbauer ein wenig kryptisch geklungen. Irgendetwas sei mit Bert nicht in Ordnung.

Dass es sich bei Bert um den Zuchteber am Hof handelte, wusste ich. Da es aber ungewöhnlich war, selbst in unseren Breiten, wo Tiere noch als Individuen betrachtet werden und jede Kuh ihren Namen trägt, bei Schweinen ebenfalls so zu verfahren, fragte ich einmal den Bauern nach dem Grund dafür. Er hatte nur gegrinst und gemeint, der Saubär hätte eine frappante Ähnlichkeit mit seinem Schwager Rupert. Ob das auf einer optischen oder vermehrungstechnischen Analogie beruhte, ließen wir dahingestellt.

„Er hat so komische Flecken am Körper“, sagte der Winkler, während er mich in den Schweinestall führte. Und fressen tut er praktisch so gut wie gar nicht.“

Ein kurzer Blick genügte: „Bert hat Rotlauf.“

„Rotlauf? Das habe ich am Anfang auch geglaubt, aber der tritt doch nur im Sommer auf!“

„Das war früher einmal.“ Ich konnte mich noch erinnern, als in den heißen Jahreszeiten manchmal durch das Fieber sowieso überhitzte Schweine infolge des zusätzlichen Stresses zu krampfen und blau anzulaufen begannen. Ein Kübel kaltes Wasser schwungvoll über den Rücken gegossen, verhinderte den drohenden Kreislaufkollaps.

„Mittlerweile handelt es sich um eine Ganzjahreskrankheit, obwohl die meisten Fälle noch immer, wie Sie richtig sagen, im Sommer auftreten!"

„Na, wenn es weiter nichts ist, eine Spritze und die Sache ist erledigt", meinte der Winkler aufgeräumt. Mit Rotlauf hatte er genügend Erfahrung.

Ich zweifelte, ob Bert die Sache mit der Spritze auch so gelassen aufnehmen würde.

Er war immerhin ein über zweihundert Kilo schweres Bröckerl und Eber sind im Allgemeinen ziemlich wehrhaft. Als ich das Penicillin aus dem Auto holte, nahm ich zur Sicherheit die Rüsselbremse mit. Das ist eine Schlinge aus massiv gedrehtem Stahldraht, die man zwischen Mundhöhle und Oberkiefer einfädelte und mittels Griff nach oben hin zuzog. Es ist dabei aber wichtig, wenn das Tier Abwehrbewegungen macht, den Zug ja nicht zu lockern, sonst kommt der Kopf wieder frei.

Aber zuerst wollte ich es erstmals ohne das Zwangsinstrument versuchen. Es gibt da bei Schweinen den Trick, die Nadel ganz langsam unter die Haut zu schieben, nur nicht schnell zustechen. Wenn man den Patienten dann noch ablenkt, entweder mit Futter oder Streicheln, kann man in vielen Fällen so ein Medikament hinter den Ohrgrund injizieren.

Bei Bert funktionierte das nicht. Kaum hatte ich ihn nur mit der Hand berührt, von der Nadel war noch keine Rede gewesen, fuhr er hoch und ließ ein aggressives Grunzen hören.

Also doch die Rüsselschlinge!

„Sie müssen mir helfen", sagte ich zum Winkler. Bert war über den doppelten Besuch in seinem Pferch überhaupt nicht amüsiert, aber ich konnte ihm nicht helfen, wenn ich ihm helfen wollte. Mit der Schlinge war es wie mit dem Lasso. Der erste Versuch sollte sitzen! Zu meiner großen Freude gelang mir das auch. Blitzschnell drückte ich dem Winkler den Griff in die Hand: „Ziehen!“

Bert protestierte schreiend, dass uns fast die Trommelfelle platzten. Ich kenne ein paar alte Schweinepraktiker, die immer ohne Gehörschutz gearbeitet hatten und im Alter dann auf die Frage nach der Uhrzeit geantwortet haben: „Ja, ich glaube, es wird Regen geben.“

Der Winkler schwitzte vor Anstrengung, um das tobende Biest an der Angel zu halten: „Beeilen Sie sich, Herr Doktor“, schnaufte er.

„Tu ich ja!“ Jetzt war die Einstichgeschwindigkeit egal, ich bohrte Bert die Nadel ins Fleisch und drückte ab.

„So, Sie können ihn loslassen.“ Dazu gab es am anderen Ende der Rüsselbremse einen Ring, wenn man daran zog, öffnete sich die Schlinge.

Der Winkler tat, wie ihm geheißen, und hechtete anschließend über die Plankenwand.

Mein Fehler war es, Bert den Rücken zugedreht zu haben, als mir die Spritze hinunterfiel. Instinktiv bückte ich mich, ich hörte den Winkler noch schreien: „Achtung!“, da war der rachsüchtige Saubär schon da und biss zu. Ein brennender Schmerz an meiner rechten Gesäßbacke trieb mir die Tränen in die Augen.

Eber haben normalerweise meißelscharfe Hauer, mit denen sie einen mühelos aufschlitzen können. Zum Glück hatte Berts seinerzeitiger Züchter ihm die Eckzähne schon im Ferkelalter entfernt, aber es blieben ihm, wenn mich meine Anatomiekenntnisse nicht trogen, noch immer zweiundvierzig andere.

Ich machte es dem Winkler nach und setzte im Flugsprung aus dem Gehege.

Der Winkler starrte auf die Kehrseite meiner Medaille: „Er hat Sie erwischt!“

„Das habe ich gemerkt.“ Ich griff nach hinten und das Erste, was ich in die Finger bekam, war ein loser, nasser Fetzen Hosenstoff. Als ich die Hand zurückzog, war sie voller Blut.

Der Winkler verlor einen Gutteil seiner infolge der Heuarbeit erworbenen Sonnenbräune und stotterte: „Sie bluten ja wie ein Schwein, Entschuldigung. Sie müssen sofort ins Krankenhaus, ich rufe die Rettung!“

Krankenhaus! Das hätte mir gerade noch gefehlt!

„Ich weiß was Besseres“, stöhnte ich, „ich fahr’ schnell zum alten Lamprechter in die Praxis, der ist noch ein Landarzt von altem Schrot und Korn, der näht so was in Nullkömmanix.“

„Dann bringe ich wenigstens was zum Verbinden! Sie schauen ja aus, furchtbar!“

Da ich hinten keine Augen hatte, versetzte mich die Schilderung vom Winkler doch in einige Sorge: „Danke, aber ich habe mehr Verbandszeug an Bord als eine ägyptische Mumie im Sarkophag.“

Ich hinkte zum Auto. Unterwegs spürte ich, dass das gesamte Hosenbein immer feuchter wurde. Die Blutung musste wirklich erheblich sein.

Ich stopfte mir einen Ballen Zellstoff in das Hosenloch, dabei ertasteten meine Finger ein großes Stück Sitzfleisch, das aus dem Zusammenhang gerissen schien. Damit der Autositz nicht auch noch etwas abbekam, breitete ich etliche Lagen Rektalhandschuhe darauf, ehe ich Platz nahm und den Motor startete. Man sagt mir in unserer Gegend gerne nach, dass ich mehr auf dem Gaspedal stehe, als auf dem Sitz zu sitzen, in diesem Fall hielt ich es für gerechtfertigt. Ebenso das Blaulicht einzuschalten, warum sollte es nicht einmal mir zugutekommen?

Unterwegs wählte ich die Nummer vom Lamprechter. Keine Ahnung, ob er gerade Ordination hatte, ich probierte es einfach. Zu meiner riesigen Erleichterung hob er ab.

„Nein, ich habe zur Zeit keine Sprechstunde“, erklärte er, „um was geht es?“

Als ich ihm mein Problem geschildert hatte, kam ein Lachen aus dem Lautsprecher: „Ich habe bisher immer geglaubt, der einzige Unterschied zwischen Human- und Veterinärmedizin ist der, dass Ihr fallweise Eure Patienten esst. Dass es auch umgekehrt sein kann, ist mir neu. Also, dann schauen wir uns die Sache halt an.“ Das war noch das Prinzip dieser hippokratischen Generation, allzeit bereit, wie die Pfadfinder.

Lamprechter zählte tatsächlich noch zu der aussterbenden Spezies universeller Landärzte. In der heutigen Gesellschaft kam sein rustikales Wesen nicht so gut an, deshalb waren viele seiner möglichen Patienten zu anderen Ärzten gewechselt.

Aber die, die geblieben waren, konnten auf eine verlässliche Diagnose und eine erfolgversprechende Behandlung, auch mit aus der Mode gekommenen Hausmitteln, vertrauen. Und da er kurz vor der Pension stand, waren ihm die Abtrünnigen schnurzegal, um es vornehm auszudrücken.

Er war hochgewachsen und trug die buschigsten Augenbrauen, die ich je gesehen hatte.

Als er meinen Hintern begutachtet hatte, zuckten sie mit einer Heiterkeit, die ich im Moment für nicht ganz angebracht hielt.

„Ganz schöne Schweinerei in Ihrer Stelze! Da ist eine Vene ordentlich erwischt worden. Los rauf auf die Ordinationsliege.“

Bevor er den ersten Stich setzte, fragte er über den Brillenrand hinweg: „Wollen Sie eine Narkose?“

„Ich habe Mensuren gefochten und neunundsechzig Nähte am Kopf, ohne Betäubung. Ich glaube, ich werde das am Gegenpol auch aushalten.“, erklärte ich trotzig.

„Wunderbar,“ grinste er, „ich liebe Helden!“

„So, eine Tetanusspritze noch und ein Antibiotikum und Tabletten gegen die Schmerzen“, sagte er, nachdem er die Arbeit beendet hatte.

Er besah sein Werk wie eine Brautmutter, die soeben mit der Näherei der Aussteuer für das Töchterlein fertig geworden war. „Jetzt haben Sie einen weiteren Schmiss, aber an einer Stelle, die zum Renommieren wenig taugt.“

Weil er kein Frisör war, hielt er mir keinen Spiegel vor, dass ich mich von hinten betrachten konnte, dafür kam er mit zwei

Schnapsgläsern und einer Flasche Birnenbrand: „Gegen den Flüssigkeitsverlust“, meinte er schmunzelnd.

„Vielen Dank. Was bin ich schuldig?“

„Aber Herr Kollege. Doch nicht unter uns Medizinern!“ Das war auch so ein überkommenes Prinzip. Ärzte, auch Tierärzte, pflogen für gewöhnlich keine Honorare von Standesgenossen zu nehmen. „Wenn mich einmal einer meiner Patienten beißen sollte, komme ich bestimmt zu Ihnen!“

Nachdem mein Allerwertester gut versorgt schien, erledigte ich weitere Visiten. Nur beim Gehen piekste es noch ordentlich, weshalb ich das rechte Bein vorsichtig aufsetzte und mich jeder Bauer fragte: „Was haben Sie denn?“

Dem Ederbauer sagte ich noch die Wahrheit, worauf er grinsend erwiderte: „Na, der Bursche hat auch einmal wissen wollen, wie so ein Schinken allgemein schmeckt.“

Da ich diesbezüglich keine Witze mehr hören mochte, erzählte ich den restlichen Bauern, ich hätte Ischias. Das akzeptierten sie, denn Kreuzschmerzen kannte jeder.

Nur Karin hatte, nachdem sie sich nach dem ersten Schreck vergewissert hatte, dass keine edleren Teile in Mitleidenschaft gezogen worden waren, noch eine Bemerkung auf Lager: „Wildfremde Leute in den Hintern beißen! So einem Schwein graust doch vor gar nichts!“

Ich fand das äußerst verletzend und ließ es mir auch anmerken: „Aber wenn ich früher oft gesagt habe, Du hättest einen Po zum Anbeißen, hat es Dir schon gefallen, oder?“

Jetzt musste sie lächeln: „Ich hoffe doch sehr, dass Du damals andere Gefühle gehabt hast als Dein Eber heute.“

Später im Bett hielt ich es nicht lange aus. Auf dem Bauch konnte ich nicht schlafen und die Wunde begann wieder zu pochen. Das Schmerzmittel hatte seine Wirkung verloren. Ich warf mir noch eine Tablette ein und goss ein Glas Whisky voll, das ich im Stehen vor dem Fernseher, in welchem ein öder Nachtfilm lief, mit kleinen Schlucken austrank.

Himmelarschundzwirn! Mein Lieblingsfluch traf, bis auf den Himmel, momentan auf mich zu. Ich konnte nur darauf vertrauen, dass der Lamprechter ein zeitgemäßes Nahtmaterial gewählt hatte.

Sauer macht nicht lustig

Karin beobachtete mich skeptisch, wie ich um acht Uhr morgens hastig, eine halbe Banane im Mund als Frühstück, in meine kurze Hose schlüpfte.

„Das erinnert mich wieder daran", meinte sie, „dass ich Dir schon x-mal gesagt habe, Du brauchst dringend ein neues Gewand für den Herbst und den Winter!"

„Na und? Jetzt sind wir mitten im Sommer!"

„Eben! Bis Du Dich einmal zum Einkaufen aufraffst, sind die besten Stücke schon ausverkauft oder in Deiner Größe nicht mehr vorhanden!"

„Na hör mal! Ich habe mindestens ein Dutzend Sakkos in der Garderobe hängen." Genaugenommen wären es sogar zwei Dutzend, hätten nicht einige liebe Motten den Weg in unsere Kleiderschränke gefunden.

„Ja, aber die Sakkos stammen allesamt aus dem Jahre Schnee! Wer trägt denn heutzutage noch Salz und Pfeffer?" Karin schüttelte sich bei dem bloßen Gedanken. Für diejenigen, die zu jung sind, um die damalige Haute Couture miterlebt zu haben: Unter „Salz und Pfeffer" versteht man einen grau-braun gesprenkelten Stoff, der heute als hoffnungslos veraltet gilt. Der „Bulle von Tölz" zum Beispiel trägt in allen Folgen so ein Jackett, was aber kein Wunder ist, teilen wir doch in vielen Belangen eine ähnliche Lebenseinstellung.

„Mir gefällt es. Außerdem ist es wahnsinnig bequem!"

„Und die Revers! Völlig unmodern!"

„Darum hebe ich sie ja auf. In ein paar Jahren sind sie wieder der letzte Schrei, Du wirst sehen!" Schon der alte Rabbi Ben Akiba sagte bekanntlich im Jahr hundert nach Christus: „Es ist alles schon dagewesen!"

„Nicht gerade überraschend", murmelte Karin, „der hat auch nur Kaftan getragen!"

Ich gestehe, dass Gewandkaufen jene Sache ist, die ich nach der Bürokratie und verlogenen politischen Diskussionen am meisten hasse. Wenn das Verkaufspersonal um einen herumschwänzelt und jedes Mal, sobald man die Umkleidekabine verlässt, in Entzückensschreie ausbricht, obwohl man sich in den Klamotten höchst unwohl fühlt, da ziehe ich doch den ehrlichen Tritt einer Kuh vor. Die drückt damit wenigstens ihre ungeschminkte Meinung aus.

Aber in punkto Mode ist mit einem Eheweib, das sich ständig Kleider, Mäntel, Schuhe und Handtaschen kauft, manche dann nach zwei Jahren ungetragen an eine gute Freundin verschenkt, nicht zu reden.

Deshalb nuschelte ich hinter der Banane hervor: „Ich hab' jetzt keine Zeit, ich muss dringend weg. Beim Walkner ist schon wieder eines seiner besten Kälber krank!"

Die Jungtiere auf dem Walknerhof hatten schon seit jeher ein Aufzuchtproblem. Fast jedes war in der ersten Lebenswoche an heftigem Durchfall erkrankt und bis der Bauer, trotz eindringlicher Ermahnung, kapiert hatte, dass Kälber, auch wenn sie vierzig oder mehr Kilo wogen, im Prinzip Säuglinge darstellten und ein sofortiges Eingreifen dringend geboten war, nicht erst am nächsten oder übernächsten Tag, hatte ich schon etliche verloren.

Meist handelt es sich bei diesen Durchfällen um eine Infektion mit dem Rota- bzw. Coronavirus, welche an sich noch nicht das Problem wären, käme da nicht das Bakterium *E. Coli* ins Spiel. Ein natürlicher Darmbewohner, der in einer gesunden und ausbalancierten Darmflora keine Schwierigkeiten bereitet. Aber in einem entzündeten Darm entgleist die Bakterienpopulation und die Coli-Keime explodieren. Dazu kommt der Umstand, dass gegen Ende der Neunzigerjahre vermehrt Bakterienstämme aufgetreten sind, die von der Wissenschaft als EHEC oder EPEC bezeichnet werden und Toxine bilden. Diese Bakteriengifte schädigen die

Organe des Tieres. Die Bakterien selbst kann der Tierarzt auch noch nach achtundvierzig Stunden medikamentell erschlagen, die inzwischen im Körper gebildeten Toxine jedoch nicht neutralisieren. So ist es nach dieser Zeitspanne immer ein Glücksspiel, abhängig von der vorhandenen Giftmenge, ob das Kalb eine Überlebenschance besitzt oder nicht. Oft genug verliert man dieses Vabanque.

Ich fahre immer aus der Haut, wenn ich vor so einem festliegenden Kalb mit Untertemperatur und tiefliegenden Augen stehe und der Bauer erklärt: „Aber gestern hat es noch seine Milch getrunken!"

„Himmelarschundzwirn! Natürlich sauft es noch, solange der Körper funktioniert. Wenn es nicht mehr trinkt, heißt das, dass sich die Organe verabschieden, vorzugsweise die Nieren!"

Eigenartigerweise hatte der Walkner seit gut einem Jahr keine derartigen Durchfälle zu vermelden gehabt und da ich nicht, weil ich sonst alles bei ihm machte, davon ausging, dass er diesbezüglich tierärztlich fremdging, war mir die Sache, offen gestanden, ein, wenn auch erfreuliches Rätsel.

Allerdings hatten sich in letzter Zeit bei ihm die Fälle gehäuft, in denen Kälber an Aufblähungen litten.

Beim ersten Mal hatte es am nachmittäglichen Telefon geheißen, ein Tier sei in der Früh „voll" geworden, woraufhin ihm der Stallknecht ein Verdauungsöl eingegeben hatte. Solche Verdauungsöle beinhalten meist Zutaten, wie Fenchel, Anis, Kümmel und Kamille, und werden von diversen Händlern angeboten. Ich kannte einen älteren Kollegen, der jedes Mal explodiert war, wenn ihm der Tierbesitzer gestanden hatte, dass er zuvor das Mittel eingegeben hatte. Ich kann bis heute nichts Verwerfliches daran finden, nützt es nicht, schaden kann es auf keinen Fall, da die Inhaltsstoffe absolut verdauungsfördernd wirken.

Die Walknerbäuerin führte des Weiteren aus, die Aufblähung wäre im Laufe des Tages auch wieder verschwunden, allerdings zeigte sich das Kalb nicht ganz von der gesunden Seite.

Als ich am Hof eintraf, kam mir das Kalb entgegen, zwar nicht übermäßig lebhaft, aber in keiner Weise krank. Nach einer eingehenden Untersuchung kam ich zu dem Schluss, dass das Verdauungsöl wohl seine Schuldigkeit getan hatte, ich konnte absolut nichts Pathologisches finden. Obwohl ich nicht der Typ war, der, nur weil er sich schon im Stall befand, aus pekuniären Gründen eine Behandlung durchführte, entschloss ich mich zur Sicherheit, doch eine harmlose, aber krampflösende Spritze zu geben. Ich hatte damals gerade meine Praxis begonnen und wollte nicht, dass es bei einem etwaigen Rückfall hieße: „Der Doktor war da, hat aber nix getan!"

Um sechs in der Früh des nächsten Morgen läutete das Telefon! Die Walknerbäuerin klang höchst aufgeregt: „Sie müssen sofort kommen, das Kalb ist viel schlechter beieinander als gestern!"

Eine halbe Stunde später kam ich in den Stall gestürmt: Das Kalb war tot!

Einigermaßen konsterniert, veranlasste ich eine Sektion. Wie sagen es doch alle Gerichtsmediziner in den diversen Kriminalfilmen immer so schön? „Wenn ich ihn bzw. sie auf dem Tisch habe, weiß ich mehr!" Und mit dem Obduktionsbefund in der Hand nach zwei Tagen war auch mir die Sache klar: Das Tier hatte an einem Labmagengeschwür laboriert, welches durchgebrochen war. Das Verdauungsöl hatte mit allem nichts zu tun gehabt. Zum Zeitpunkt meines Eintreffens war der Mageninhalt bereits in die Bauchhöhle geflossen, was einerseits eine Erleichterung für das Tier bedeutet hatte, andererseits infolge einer septischen Peritonitis über Nacht zum unweigerlichen Tod führen musste.

Seither war ich jedes Mal nervös, wenn mir der Walkner, zwar rechtzeitig, ein weiteres Kalb mit Aufblähung servierte. Ich therapierte zwar immer in Richtung Labmagengeschwür und hatte auch Erfolg damit, nur war mir völlig schleierhaft, wieso plötzlich die Mehrzahl der Kälber diese Erkrankung entwickelte.

Ab dem besagten Morgen mit der vorausgegangen Modediskussion fand ich erneut ein Kalb vor, dass eindeutig die Anzeichen eines Labmagengeschwüres aufwies. Der Walkner schüttelte verzweifelt den Kopf!

Ich behandelte das Tier wie die vorhergegangenen, indem ich etwas Novalgin zur Beruhigung des Verdauungstraktes spritzte und für einige Tage, zusätzlich zur Milchmahlzeit, Reisschleimsuppe verordnete. Das ist ein bewährtes Mittel zur Abdeckung von Schleimhautdefekten.

Ich hatte zwar in letzter Zeit, auf Bestreben von Karin, ein wenig abgenommen, aber mein Bauchgefühl war noch immer überproportional entwickelt. Das verriet mir, dass ein kurzer Blick in die Stallapotheke, die in einem wurmstichigen Wandschrank untergebracht war, nicht schaden konnte. Ich musterte die Ansammlung von Flaschen und Dosen mit diversen Zaubertränken, Salben und Pülverchen. Neben dem Verdauungsöl fand ich auch ein längst abgelaufenes Vitaminpräparat, eine Eutercreme auf Pfefferminzbasis, eine steinhart gewordene Phlegmonesalbe, eine Dose Holzteer und andere verstaubte Behälter mit undefinierbarem Inhalt. Aber dann stach mir der Kanister mit sechsundachtzigprozentiger Ameisensäure ins Auge! Wozu brauchte der Walkner Ameisensäure? So viel ich wusste, besaß er keine Bienenstöcke, wo Ameisensäure ein beliebtes Mittel gegen die Varroamilbe darstellte.

„Damit säuere ich den Kälbern die Milch an! Mir hat einer dazu geraten, der auch dauernd mit Kälberdurchfall zu kämpfen gehabt hat. Und wirklich, seither kein dünnscheißendes Kalb mehr!"

In mir stieg ein furchtbarer Verdacht auf: „Wieviel hauen Sie denn davon in die Milchportion rein?"

Der Walkner blies die Backen auf und zuckte die Schultern: „So nach Gefühl halt! Aber jedenfalls ordentlich!"

Ich strich mir über den Bart und nickte: „Dann ist die Sache wohl klar. Sie haben die Kälber innerlich verätzt. So eine junge Labmagenschleimhaut ist äußerst zart und empfindlich. Die Säure hat Löcher hineingebrannt und daraus sind dann die Geschwüre entstanden."

Der Walkner starrte mich an wie einen Flaschengeist: „Donnerwetter, ich glaube, Sie haben Recht. Das Ganze hat angefangen, als ich die Ameisensäure hergenommen habe! Verflucht, ich bin doch ein Trottel!"

„Na, nachdem wir jetzt wissen, woran es liegt, können wir ja was dagegen unternehmen, was?"

Ich rechnete dem Walkner eine verträglichere Konzentration aus. Er war begeistert und schlug mir zum Abschied auf die Schulter: „Großartig! Wenn Sie nicht Viehdoktor geworden wären, hätten Sie bestimmt einen prima Detektiv abgegeben!"

Ich grinste: „Vielleicht in der Pension!"

Meine nächste Station war die Scherstein-Alm, wo eine kranke Ziege auf mich wartete. Oder zumindest der Besitzer.

Unterwegs überlegte ich beschwingt, dass in jedem Tierarzt ein kleiner Sherlock Holmes stecken sollte.

Die Ziege hatte eine Euterentzündung und war schnell behandelt.

Weil ich langsam Durst verspürte, umrundete ich die Almhütte, wo fast sämtliche Tische mit ebenso durstigen Wanderern dicht besetzt waren.

Nur ganz hinten war einer frei. Ich bestellte im Schankraum einen schnellen Radler und ließ mich gemütlich nieder. Als der Wirt das Getränk brachte, rief er entsetzt: „Da können Sie sich nicht hinsetzen, Herr Doktor!"

„Warum? Es sitzt ja sonst keiner da."

„Ameisen!! Lautete die Antwort. „Unten an einem Tischfuß ist ein Loch in der Erde, von wo die Biester hervorkriechen und jeden beißen. Ich habe das Loch schon zugeschüttet, aber die Luder buddeln sich wieder heraus! Morgen muss ich was besorgen und reinschütten!"

Ehe ich mich noch versah, spürte ich das große Krabbeln über meine nackten Oberschenkel

Ich versuchte, die Viecher abzustreifen, aber ein paar hatten sich schon unter meine kurzen Hosenbeine geflüchtet und von dem Rest fielen einige in die Stiefelschächte. Beide Partien begannen, ihre Zangen zu benutzen und dabei Säure zu versprühen. Ameisensäure war ja ein altes Hausmittel gegen Rheuma und ich konnte mir gut vorstellen, dass, wenn man die Unterhose voll mit diesen Krabbeltieren hatte, man für eine Weile sein Rheuma vergaß.

Die Stiefel konnte ich ja vor allen Leuten zur Not noch ausziehen, bei der Hose war das schon ein wenig schwieriger. Während ich in Socken aufs Klo stürmte, wo ich mich auch der unteren Hälfte der Klamotten entledigen konnte, wurde mir klar, was die Kälber vom Walkner innerlich mitgemacht hatten.

Und dass der alte Spruch „Sauer macht lustig" ein absoluter Schmarrn war.

Katz und Maus

Möglicherweise habe ich es schon einmal erwähnt: Die meisten Tierärzte machen nicht gern Hausbesuche. Das liegt nicht an der Bequemlichkeit, wenngleich das manchmal auch der Grund sein kann, sondern daran, dass unsere Patienten ein unterschiedliches Verhalten an den Tag legen, wenn man sie daheim behandelt oder in der Ordination. Dort fühlen sie sich fremd und weniger selbstbewusst und wittern den Angstschweiß ihrer Schicksalsgenossen. Das kenne ich noch aus der Studentenzeit. Sobald wir mit der Atmosphäre eines Prüfungsraumes konfrontiert waren, erhielt unser Naturell auch einen gewissen Dämpfer. Wir verfügen zwar nicht über so scharfe Sinne wie unsere Haustiere, aber die Aura von Angstschweiß früherer Kandidaten hing doch überdeutlich im Raum.

Dagegen musste ich einmal eine Berner Sennenhündin namens Lara, die soeben geworfen und eine Gesäugeentzündung hatte, bei ihr zuhause behandeln. Auch so schon nicht von besonders freundlichem Wesen, dazu die Schmerzen, lag sie unter dem Schreibtisch, der als eine Art Wurfhöhle fungierte, neben sich im gepolsterten Korb vier noch blinde Welpen, und knurrte heraus. Selbst als sie ihre Besitzerin hervorholen wollte, bekam sie einen Tobsuchtsanfall. Es war unmöglich, an sie heranzukommen. Sie verteidigte unzweifelhaft ihr Territorium und die Jungen. Ich musste mich damit begnügen, für sie Tabletten dazulassen. Diese halfen zwar auch, aber mit der Spritze wäre es schneller gegangen.

Natürlich gibt es hie und da Notwendigkeiten für Hausvisiten.

Der alte Herr Drechsler stellte so eine dar. Der kleine, schmächtige Mann war, seit ich ihn kannte, auf Krücken angewiesen. Die Ursache dafür war ein lang zurückliegender unverschuldeter Autounfall, bei dem ein Schotterlaster nicht mehr rechtzeitig abbremsen konnte und mit Karacho hinten in die Drechslersche

Familienkutsche gedonnert war. Der Wagen wurde von der Straße und gegen einen Baum geschleudert.

Herrn Drechslers auf der Rückbank sitzende Tochter war sofort tot gewesen, seine Frau starb mehrere Tage später im Krankenhaus und er selbst erlitt multiple Zertrümmerungen des Beckens und der Beine.

Jetzt saß er als Invalide in seiner Wohnung und stopfte seine ganze Liebe in Mimi, eine grauweiße Halb-Angorakatze. Leider stopfte er auch andere Sachen in sie hinein, denn Mimi war, nicht zuletzt aufgrund von chronischer Bewegungsarmut, eine der fettesten Katzen, die ich kannte. Durch ihre Korpulenz und Trägheit litt sie des Öfteren an Verstopfung und hockte dann auf dem Katzenklo, ebenso vergeblich hoffend wie ein anderer auf den Lottosechser.

Ein Klistier schuf rasch Abhilfe und Erleichterung, aber trotz ihrer Gutmütigkeit hatte sie es gar nicht gern, dass man ihr etwas in den Hintern steckte. Um das zu umgehen, hatte ich Herrn Drechsler homöopathische Tropfen von *Opium* und *Plumbum aceticum* zusammengemischt. Die verrichteten gute Dienste, wie mir Herr Drechsler versicherte: „Wissen Sie, fallweise nehme ich sie auch."

Diesmal handelte es sich jedoch um eine hartnäckige Verstopfung, jedenfalls bei Mimi.

Mit der Tube Microclist in der Hand läutete ich an der Wohnungstür. Nach einer Weile öffnete Herr Drechsler: „Ah, Herr Doktor, nett, dass Sie kommen! Mimi hat es heute schon ein paar Mal probiert."

Naja, jemandem, der sich mühsam auf Krücken dahinschleppte, kann man ja nicht gut zumuten, dass er mit einem Katzenkäfig bewaffnet in den Bus steigt.

„Würden Sie sie bitte kurz halten?"

„Aber gewiss doch!" Herr Drechsler hinkte zu seinem Lehnstuhl zurück, ließ sich hineinfallen und klopfte mit der Hand auf die Oberschenkel: „Komm, Mimi, komm!"

Die Katze kam langsam ins Zimmer, musterte mich misstrauisch, offenbar waren ihr die letzten Einläufe noch in guter Erinnerung, folgte der Aufforderung aber gehorsam wie ein dressierter Dackel, soferne man Dackel überhaupt dressieren kann.

Als ich ihr das Microclist in den Anus drückte, maunzte sie kläglich und strampelte.

„Gib Ruh', Du Fresssack! Selbst schuld. Der Magen-Darm-Trakt ist eine Durchzugsstraße, keine Sackgasse!"

Kaum war ich fertig und Herr Drechsler hatte sie losgelassen, sprang sie von ihm herunter und sauste ins Vorzimmer, wo das Katzenklo stand.

„Das geht aber schnell", staunte Herr Drechsler.

„Ja", lachte ich, „oder wie man so schön im Businessjargon sagt: dringende Geschäfte."

Wir plauderten noch eine Weile, und als ich die Wohnung verließ, erspähte ich zufrieden die Früchte meines und Mimis Bemühen in der Katzenstreu.

Am nächsten Tag, so gegen dreiviertel neun, meldete sich das Handy in meiner Brusttasche. „Ja?", schnauzte ich genervt in das Gerät, weil ich mich gerade damit abplagte, einem widerborstigen Kalb zwei Sulfonamidtabletten in den Schlund zu stopfen. Für einen Moment war ich abgelenkt, was das Mistvieh ausnützte und mich kräftig in den Daumen biss.

Eine Frau Zeman meldete sich, sie sei von der Heimhilfe und wollte mir mitteilen, dass sie in der Früh Herrn Drechsler tot auf dem Teppich aufgefunden hatte. Ich vergaß für einen Moment meinen schmerzenden Finger und war wie vom Donner gerührt. Vor nicht einmal vierundzwanzig Stunden hatte ich ihm gegenüber gestanden und er hatte einen durchaus munteren Eindruck gemacht.

„Der Arzt sagt Herzinfarkt", fuhr Frau Zeman fort.

„Tragisch! Nett von Ihnen, mich zu informieren? Aber warum ausgerechnet mich?"

„Na, irgendwas muss ja mit der Katze passieren. Ich kann sie unmöglich nehmen, ich hab schon zwei. Und die würden sich mit einem Neuzugang nicht vertragen!“

Ich überlegte kurz: „Wissen Sie was? Sie kann derweilen bei mir bleiben, bis ich sie auf einen guten Platz vermittelt habe. Ich hole sie gleich nach den Visiten. Wie komme ich in die Wohnung?“

„Nicht nötig, Herr Doktor, ich bringe sie Ihnen in einer Stunde in die Praxis!“ Man konnte Frau Zeman anhören, wie erleichtert sie war, Mimi fürs Erste versorgt zu wissen.

Mir war weniger danach zumute. Vielleicht fragt sich jetzt der eine oder andere, weshalb ich als tierloser Tierarzt Mimi nicht selbst adoptierte. Die Begründung war einfach: In nicht einmal vierzehn Tagen würden wir den gebuchten Urlaubsflug nach Neapel antreten und Karin und ich, als Zugereiste, hatten keine Verwandtschaft im Ort, die sich um Mimi kümmern würde.

Ich beeilte mich, nach Hause zu kommen, wo mich Frau Zemann schon vor der Ordinationstür mit Katzenkorb und -klo, einem Futtervorrat und natürlich Mimi erwartete. Ich richtete ihr ein gemütliches Eckchen im Vorhaus ein, weil ich, nachdem ich die Möbel von Herrn Drechsler gesehen hatte, ahnte, dass Karin nicht gerade begeistert sein dürfte, wenn Mimi unser antikes Mobiliar als Kratzbaum zweckentfremdete.

In den Warteraum kam ein großes Plakat mit dem Konterfei von Mimi, welches die Besucher wissen ließ, dass ein pflegeleichter Stubentiger gratis abzugeben wäre. Aber alle Patientenbesitzer waren naturgemäß bereits hunde- und katzenüberversorgt. Auch auf den Bauernhöfen frug ich herum, aber überall winkte man ab. Bauern brauchten agile Katzen, so sie derer nicht schon im Übermaß besaßen, die Mäuse jagten, und keine verwöhnte, übergewichtige Mieze.

Langsam begann ich zu verzweifeln. In vier Tagen stand unsere Abreise bevor.

Auch Karin, die sich in ihrer Schule umgehört hatte, war diesmal ratlos. Unsere Haushälterin, Frau König, mit der ich schon einige Male gewisse Diskrepanzen auszutragen hatte, ich erinnere nur an die Geschichte mit der Vogelspinne, wäre sozusagen der letzte Ausweg gewesen.

Sie erklärte aber kategorisch, an einer Katzenhaarallergie zu leiden und Mimi daher keinesfalls betreuen zu können. Frau König verfügte über eine präzise Vorstellung ihrer eingeschränkten Fähigkeiten, vor allem, wenn es um das Putzen ging.

„Und warum können Sie dann mit Ihrer Allergie in einem Tierarzthaushalt wirtschaften?“, fragte ich gereizt.

„Sie sind ja unterwegs und wissen nicht, wie oft ich niesen muss“, kam die vorwurfsvolle Antwort.

Keine Frage, sie wollte nicht.

Und siehe da, als letzte Rettung betrat Frau Doktor Gertrude Hübelmoser die Bühne!

Was heißt betrat? Sie zerstampfte sie beinahe mit ihren haferlschuhbewehrten Füßen, wie immer.

Ihr Auftreten versprach jedes Mal ein Erdbeben im mittleren Bereich der Richterskala, was nicht zuletzt ihrer dröhnenden Stimme in Bass-Lage zuzuschreiben war.

Wäre sie bei der Marine gewesen, hätte sie eine weniger charmante Person als ich als Schlachtschiff bezeichnet. Mit allen Aufbauten, vorne wie hinten. Sie war fast einen Kopf größer als ich und trug sommers wie winters ein mit Hirschgrandln geschmücktes Lodenkostüm, das einem Sumo-Ringer zu weit gewesen wäre.

Sie war Röntgenologin gewesen und hatte irgendwo am Trumersee eine Praxis betrieben, wobei ich davon überzeugt war, dass sie dazu keine Apparate gebraucht hätte. Wenn ihr etwas gegen den Strich ging, konnte sie einen Blick aufsetzen, dass man innerhalb eines bestimmten Radius fürchten musste, die Strahlenkrankheit zu bekommen.

Sie wartete erst gar nicht auf ein mögliches „Herein“ von mir, sondern riss die Ordinationstüre auf und dröhnte: „Na, ist mein Futter da?“

„Ihres nicht“, antwortete ich, „aber das für die Cora!“

Cora war eine alte Bassett-Dame, die Frau Hübelmoser dankenswerterweise aus dem Tierheim geholt hatte, weil sie sonst wegen ihres chronischen Nierenleidens niemand haben wollte. Mit einem speziellen Diätfutter kam sie aber ganz gut über die Runden und genoss, da sie auch schon schlecht hörte, einen schönen Lebensabend im Hübelmoserschen Haushalt.

Die Besitzerin röhrte: „Ihre Witze waren auch schon einmal besser, Doktorchen!“

Obwohl ich ihr gegenüber tatsächlich ein Leichtgewicht darstellte, fand ich die Bezeichnung höchst despektierlich. Ich wollte schon erwidern: „Nennen Sie mich nicht Doktorchen, ich sage ja auch nicht zu Ihnen Radiologieelefant.“ Dann überlegte ich krampfhaft, was ich eigentlich nicht zu ihr sagen konnte, da ich, wie zuvor erwähnt, charmant bin.

Also schluckte ich die Verkleinerung meines Titels hinunter und murmelte nur: „Ich geh das Futter holen!“

Der Sack stand im Gang, der nach hinten zur Apotheke führte. Als ich die Türe öffnete, huschte Mimi an mir vorbei in die Ordination. Zuerst schaute sie interessiert auf die wuchtige große Frau mit der lauten Stimme, dann strich sie ihr schnurrend um die bestrumpften Waden.

Frau Hübelmoser bückte sich und hob Mimi auf den Arm: „Na sowas! Ich hab' gar nicht gewusst, dass Sie eine Katze haben!“

„Das ist nicht meine!“, erklärte ich, während ich den Dreißig-Kilo-Sack hereinschleppte.

Frau Hübelmoser überhörte den Einwand und kraulte Mimi hinter den Ohren: „Aber viel zu dick ist sie. Sie dürfen ihr nicht so viel zum Fressen geben. Das ist nicht gesund, das sollten Sie eigentlich wissen, Doktorchen!“

Wäre da nicht meine seit einem Sturz lädierte Schulter gewesen, ich hätte ihr, charmant hin oder her, jetzt den Sack aufgesetzt: „Das ist nicht MEINE Katze!“

Dann schilderte ich die traurigen Umstände, unter denen ich vorübergehend in die Gesellschaft von Mimi gekommen war, und was ich alles schon unternommen hatte, um sie auf einen guten Platz zu vermitteln.

„Na, wenn das so ist“, tönte Frau Hübelmoser, „dann nehme ich sie!“

„Und was ist mit Cora?“, fragte ich.

„Aber was! Die ist genauso verträglich wie ich! Die werden schon zusammenpassen!“

„Ich habe eigentlich Mimi gemeint. Sie ist keine Hunde gewöhnt.“

„So so! Dann werden wir sie halt katholisch machen!“

Um weitere Bedenken meinerseits im Keim zu ersticken, schulterte Frau Hübelmoser den Futtersack mit der Rechten, während sie Mimi in der linken Armbeuge trug, und verließ die Praxis. Beide schauten sich nicht einmal nach mir um.

Nach einigen Tagen begegnete ich Frau Hübelmoser vor der ortsansässigen Bank, wohin ich unterwegs war, um meinem Bankbetreuer zu beichten, dass ich mit dem Honorarnotenschreiben einigermaßen in Verzug war, ich das aber jetzt zu ändern gedachte.

Natürlich erkundigte ich mich sofort nach Mimi.

„Oh, ganz wunderbar, Doktorchen. Sie haben mir erzählt, dass sie eine reine Wohnungskatze war. Na, die hätten Sie sehen sollen, als sie den Garten entdeckt hat! Den ganzen Tag draußen, besonders in meinen Blumenbeeten, und Mäusefangen hat sie auch schon gelernt! Macht ihr offenbar einen Heidenspaß!“

Frau Hübelmosers Stimme schallte voll Begeisterung derart über den Platz, dass der ganze Markt über die gelungene Integration von Mimi informiert war.

Obwohl sie sich beim Abschied als ziemlich undankbar erwiesen hatte, konnte ich, als ich am Hübelmoserschen Haus vorbeifuhr, doch nicht umhin, mich mit eigenen Augen von Mimis Metamorphose zu einer stinknormalen Katze zu überzeugen. Dass langjährige Wohnungskatzen noch das Mäusefangen erlernten, war zwar nicht ausgeschlossen, dennoch ungewöhnlich.

Die Hausherrin öffnete. Als einzige Konzession an den warmen Tag hatte sie ihr Kostümoberteil abgelegt. Sie ähnelte aber trotzdem noch immer einem Schlachtschiff und fuhr auch gleich mit schwerem Geschütz auf, während sie mich auf die Terrasse geleitete.

„Aha, Sie wollen also die Missetäterin, die Sie mir aufgedrängt haben, persönlich inspizieren?"

„Moment mal", protestierte ich, „von Aufdrängen kann keine Rede sein! Sie haben sich spontan entschlossen, nachdem ich Ihnen die Geschichte vom Vorbesitzer erzählt habe, Mimi zu adoptieren. Und was heißt übrigens Missetäterin?"

„Na, sie fängt dauernd Mäuse und bringt sie mir, um Anerkennung buhlend, noch lebend ins Haus. Dort lässt sie sie aber aus und die Mistviecher verkrümeln sich natürlich!"

In dem Moment, wie um den Beweis für die Anschuldigung zu liefern, kam Mimi angetrapst, eine zappelnde Maus zwischen den Zähnen. Das Töten hatte sie anscheinend nicht gelernt, was mich innerlich befriedigte, denn mein Mitleid gehörte auch den Mäusen.

Viel schlanker war Mimi in der Zwischenzeit auch nicht geworden. Völlig erschöpft von der anstrengenden Jagd, legte sie sich auf die Steinfliesen und öffnete japsend das Maul.

Die Maus ließ sich das nicht zwei Mal sagen, entschlüpfte quietschend und sauste durch die offene Terrassentür ins Haus und die Kellertreppe hinunter.

„Verstehen Sie, was ich meine?" Frau Hübelmoser baute sich vor mir auf wie ein Gebirgsstock, um dessen Gipfel sich Gewitterwolken zusammenbrauten: „Seit Ihre Katze (schon wieder meine) im Haus ist, habe ich mehr Mäuse im Keller als vorher!"

Einfach zum Vergessen

Seit ein paar Jahren war es zum fixen Bestandteil in unserer Terminplanung geworden, uns an einem Wochenende im Advent mit Freunden in Salzburg zu treffen. Ich genoss jedes Mal diese kurze, aber angenehme Unterbrechung der stressbehafteten Arbeitszeit mit all ihren Geburten, Milchfiebern und kranken Kälbern, und endlich wieder in einem gepflegten Gewand auftreten zu dürfen als den ganzen Tag lang in der Stallkluft, die am Abend intensiv nach Silage duftete.

Auch der Spaziergang am nächsten Morgen über den Christkindlmarkt war etwas Besonderes für mich. Von Stand zu Stand zu ziehen, die Wunderwelt der angebotenen Waren zu bestaunen, den Geruch nach Gebrannten Mandeln, Lebkuchen, Wachskerzen und Kletzenbrot in mich einzusaugen und vielleicht ein zinngegossenes Anhängsel für den Weihnachtsbaum zu erstehen, hatte schon seit meiner Kindheit etwas Faszinierendes für mich.

Allerdings lief ich manchmal dabei auch Gefahr, etwas Kitschiges zu kaufen, weil mich Kitsch, so er nicht ganz so arg war, immer angezogen hatte. Zum Glück war Karin an meiner Seite und zerrte mich, bevor ich mich für das hölzerne Rentier mit der roten Glühlampe auf der Nase entscheiden konnte, rechtzeitig weg.

Am Punschstand hatte sie damit schon mehr Mühe. Für einen Tierarzt ist es nämlich wahrer Luxus, schon am Vormittag etwas zu trinken und hernach auf ein Gabelfrühstück mit Tellerfleisch und einigen Seideln zu gehen. Fahren würde sowieso Karin, nicht nur wegen meines aufgewärmten Restalkohols, sondern weil ich nach derart vielen Praxiskilometern froh um jede Strecke war, die ich nicht selbst am Steuer sitzen musste.

Leider war ich auch ein denkbar schlechter Beifahrer. Nach so einer langen Zeit auf der Straße entwickelte man einen eigenen

Fahrstil, der mit dem von Karin, aber zu ihrer Ehrenrettung auch von jedem anderen, nicht kompatibel war.

„Achtung, Schlagloch! Fahr nicht zu dicht auf. Schneid' nicht die Kurve! Überhol' doch!", waren stets meine Kommentare, bis es Karin zu bunt wurde und sie pfauchte: „Dann fahr gefälligst selber! Immerhin habe ich noch nie einen Unfall gehabt!"

Daran sieht man, wie gut die anderen fahren, lag mir auf der Zunge, aber in Anbetracht eines harmonischen Wochenendes unterdrückte ich die Bemerkung.

Um mich im Zaum zu halten, war es das Beste, nicht auf das Verkehrsgeschehen zu achten, weshalb Karin, bevor wir endgültig nach Salzburg starteten, noch rasch vor der Trafik anhielt und mich mit Zeitungen versorgte.

Wir erreichten die erzbischöfliche Residenz nicht nur in vierzig Minuten, sondern auch ohne weitere Konflikte. Das Hotel hatte einen eigenen Angestellten, der die Gästeautos in einer gesicherten Garage parkte. Als Karin ihm jedoch ihren Schlüssel aushändigen wollte, war der nicht da.

Jetzt könnte man den alten Witz bemühen, nämlich den, wo der Lenker aussteigt, sich nach hinten begibt und nachschaut, welcher Trottel ihn bis nach Salzburg geschoben hatte.

Aber unser neuer Wagen war von der modernen Sorte, die kein Zündschloss mehr besaß, sondern wo es genügte, den „Schlüssel" in der Nähe abzulegen. Des Rätsels Lösung lag nämlich im Zweitschlüssel, den ich im Hosensack herumtrug und nun dem dienstbaren Geist der Fahrbereitschaft samt Trinkgeld aushändigte.

Karin war aber ein wenig von der Rolle, weil sich auf ihrem Bund auch die Hausschlüssel befanden.

„Mach Dir doch keine Sorgen! Wahrscheinlich hast Du sie in der Trafik liegengelassen, und wie ich unseren Trafikanten kenne, geht er das Wochenende über bei uns sicher weder Mozart- noch Christbaumkugeln klauen."

Ich sollte Recht behalten. Montag, um Punkt sieben Uhr früh, stand ich bei ihm im Geschäft und er wedelte mir bereits mit dem

Schlüsselbund entgegen: „Den hat Ihre Frau am Samstag bei mir vergessen!"

Na also! Ich brachte Karin das vermisste Utensil, damit sie rechtzeitig um acht in der Schule sein konnte.

Sie gab mir einen Kuss: „Danke Dir. Dafür darfst Du wieder auf unseren Hochzeitstag vergessen."

Nett, aber diese Erlaubnis hätte es gar nicht gebraucht, weil ich regelmäßig darauf vergaß. Nicht das Datum, das weiß ich, aber wenn der Tag gekommen ist, denke ich nicht dran. Zum Glück ist Karin nicht so kindisch und macht ein Drama draus, aber trotzdem weiß ich, dass sie sich über eine kleine Aufmerksamkeit meinerseits freuen würde. Noch dazu, wenn sie mir eine besonders exklusive Havanna in die Hand drückt und leise sagt: „Alles Gute zum Hochzeitstag."

Ich ärgere mich dann maßlos über mich und nehme mir fest vor, mich zu bessern. Was ich deswegen nicht schon alles versucht habe. Jedes Jahr, wenn ich Anfang Jänner das neue Visitenbuch beginne, habe ich den festen Vorsatz, mir gleich den Hochzeitstag in den Kalender einzutragen. Jedes Jahr vergesse ich drauf. Ich habe sogar das Datum als Code auf der elektronischen Tastatur am Garagentor zum Öffnen gespeichert, aber da ich dazu gewöhnlich die Fernbedienung benutze und nur auf den Knopf zu drücken brauche, hilft mir das auch nicht weiter.

Außerdem kann ich mir Namen schlecht merken. Den Mann von Karins Kollegin habe ich noch lange nach Beginn unserer Bekanntschaft bei jedem Treffen mit Herbert angesprochen, obwohl er Helmut heißt.

Was das Berufliche angeht, vergesse ich hingegen kaum einmal etwas. Und wenn, dann handelt es sich höchstens um eine Kleinigkeit.

Deshalb war ich auch bass erstaunt, als mich neulich der Finkbauer zum Abschied fragte: „Haben Sie nicht noch was vergessen, Herr Doktor?"

Ich war gerade dabei gewesen, seinen Stall zu verlassen, und drehte mich wieder um. Er stand ein paar Schritte hinter mir und hielt die Hand auf, als warte er auf ein Trinkgeld. Nachdem ich auf dem Hof soeben vierzehn trächtige Kühe gegen den gefürchteten Kälberdurchfall geimpft hatte, damit jene nach der Geburt gesund bleiben würden und man dazu außer den Impfstoffflaschen und Spritzen nicht viel benötigte, war ich einigermaßen ratlos: „Was soll denn das sein?"

„Na, den Wartefristenzettl! Letztes Mal hat mir der Bio-Kontrollor die Hölle heiß gemacht, weil Sie mir für die Scheckin, die die Milchfieberinfusion bekommen hat, keinen ausgestellt haben!"

Beim Wartefristenzettel handelt es sich um einen Schein, auf dem die Zeitspanne, ab der, von der Behandlung aus gesehen, die Milch und das Fleisch zur Lebensmittelgewinnung gesperrt sind, eingetragen wird.

„Das war ein reines Kalziumpräparat. Da ist keine Wartezeit vorgeschrieben! Wenn Sie wollen, kann ich Ihnen die Flasche zeigen!"

„Na und heute? Die Impfung?"

„Der Impfstoff ist ebenfalls wartezeitenfrei!"

„Versteh' ich nicht. Wenn Sie ein Antibiotikum geben, gibt es eine Wartezeit, obwohl ein Antibiotikum doch eigentlich gut für die Gesundheit ist. Bei der Impfung, wo Sie da irgendwelche Viren oder Bakterien reinspritzen, ist das nicht notwendig?"

Ich hätte ihm jetzt den Unterschied zwischen Rückstands- und Resistenzproblematik von Antibiotika und der Unbedenklichkeit abgeschwächter Erreger erklären können, aber ich verspürte im Moment keine Lust dazu. Deshalb grinste ich nur: „Jaja, das Leben kann manchmal ziemlich kompliziert sein."

Ich musste auf der Fahrt zu weiteren Visiten einen Umweg in Kauf nehmen, um mir am Untersteinhof die Flasche Desinfektionsmittel zurückzuholen, die ich am Vortag nach der Geburt auf der Fensterbank vergessen hatte. Zu meiner Überraschung drückte mir der Bauer gleich zwei in die Hand: „Hier, die eine haben Sie schon vorher einmal bei mir stehen gelassen.“

Jetzt fiel mir wiederum ein, dass ich vor Monaten einmal im Anschluss an eine erfolgreich absolvierte Geburt die Nylonstricke, an denen man das Kalb herauszog, nicht gleich für den nächsten derartigen Fall desinfizieren konnte, weil ich die Flasche nicht mitgehabt und mich nicht mehr erinnert hatte, bei wem ich sie zuletzt in Gebrauch gehabt hatte. So musste ich deswegen extra nach Hause fahren. Also beim Fink war das! „Und warum haben Sie mich nicht angerufen und gesagt, dass das Zeug bei Ihnen auf mich wartet?“, fragte ich vorwurfsvoll. Manche Bauern legen mir das Vergessene unaufgefordert in den Warteraum, andere informieren mich wenigstens telefonisch.

Der Fink aber zuckte nur die Schultern: „Wollte ich eh, hab's aber vergessen.“

Was mich regelmäßig auf die Palme bringt, sind Anrufe mitten am Vormittag in der besten Visitentätigkeit, wenn es sich bloß um Bagatellen, wie Medikamentenwünsche, handelte. Jeder weiß, dass ich zu der Zeit nicht sprichwörtlich im Arsch bin, sondern meist bis zur Achsel im Hintern einer Kuh stecke, die Hände wegen einer laufenden Infusion nicht frei habe oder im Stall stehe, wo man vor lauter und lautem Muhen das eigene Wort nicht versteht.

Der Haselberger war einer von diesen hartnäckigen Zeitgenossen, die meine mehrmalige Bitte, mich deswegen nicht bei der Arbeit zu stören, sondern in der Früh anzurufen, damit ich das Gewünschte noch rasch vor meiner Abfahrt herrichten konnte, schlichtweg ignorierte.

Da untertags nämlich selten wer von uns daheim ist, pflege ich, die Sachen auf dem kleinen Altwiener Kaffeehaustisch im Warteraum zu deponieren, wo sie dann jederzeit abholbereit sind. Viele legen auch gleich das Geld dorthin und ich muss sagen, es ist noch nie etwas weggekommen.

Wenn also jemand etwas verliert, was er gerne zurückerhalten möchte, soll er das in Gastein tun, hier sind die ehrlichen Leute zu Hause.

Punkt halb zehn meldete sich mein Mobiltelefon, als ich gerade dabei war, einer Kuh das Horn, das sie sich bei einer Rauferei fast abgebrochen hatte, herunterzusägen. Das ist eine ziemlich anstrengende Arbeit und darum war ich außer Atem, als ich mit zitternden Fingern auf Empfang drückte: „Ja?"

Der Haselberger wollte einen Hustensaft für seinen Haflinger.

Resignierend vor so viel Ignoranz schnaufte ich: „Gut, ich stell ihn zu Mittag in den Warteraum." Und fuhr fort, weiterzusägen.

Der Vormittag hatte es in sich, und als ich nach Hause kam, war der blöde Hustensaft natürlich längst meiner Erinnerung entschwunden. Bis mich so gegen sieben Uhr am Abend ein empörter Haselberger am Telefon erwischte: „Sie, Herr Doktor, was ist mit dem Hustensaft? Zwei Mal war ich am Nachmittag bei Ihnen, aber keine Spur davon! Glauben Sie, ich habe nichts Besseres zu tun, als dauernd hin und her zu fahren und meine Arbeit zu unterbrechen?"

Das kann ich gut nachvollziehen, dachte ich grimmig. Ich wollte aber gegenüber dem Haselberger nicht eingestehen, dass ich ihn vergessen hatte, darum sagte ich laut: „Entschuldigung, ich bin leider nicht dazu gekommen. Es war dermaßen viel los."

„Was heißt da: viel los. So eine Flasche hinzustellen, dauert doch keine halbe Minute!"

„Und die habe ich nicht gehabt, weil mich dauernd Leute anrufen", schnappte ich, „morgen können Sie sie holen."

Der nächste Tag war einer von der Sorte, an dem das Telefon seit der Früh beinahe heiser wurde und der Hustensaft vom Haselberger deshalb natürlich weiterhin unter dem Bewusstseinsteppich blieb.

„Entschuldigung, ich habe es vergessen", erklärte ich diesmal wahrheitsgemäß, als sich der Haselberger Punkt halb zehn lauthals beschwerte, dass er schon wieder umsonst vorbeigeschaut

Name

Straße

PLZ Ort

Telefon

E-Mail

☐ (Pflichtfeld) Ich bestätige, dass ich das 16. Lebensjahr vollendet habe und erteile meine ausdrückliche Zustimmung, dass die von mir oben angegeben Daten durch die Leopold Stocker Verlag GmbH zum Zweck der Vertragserfüllung und Leistungserbringung verarbeitet und an Auftragsverarbeiter weitergegeben werden, UND dass

☐ die angegeben Daten durch die Leopold Stocker Verlag GmbH zum Zweck des Newsletterversands verarbeitet, an Auftragsverarbeiter weitergegeben werden und ich werbliche Informationen und Angebote via Post, E-Mail, Telefon erhalte.

Ich kann meine Zustimmung jederzeit widerrufen. Dafür wende ich mich an die Leopold Stocker Verlag GmbH (Hofgasse 5, A-8010 Graz; Tel: 0043316/821636; E-Mail: datenschutz@stocker-verlag.com). Alle Infos: www.stocker-verlag.com/datenschutz.

Datum____________Unterschrift ______________________

Stocker Verlag GmbH, Hofgasse 5, 8010 Graz, Österreich
Tel.: +43/316/82 16 36, Fax: +43/316/83 56 12
E-Mail: stocker-verlag@stocker-verlag.com, www.stocker-verlag.com

Bitte frankieren!

ANTWORTSENDUNG

Leopold Stocker Verlag

Postfach 438
Hofgasse 5
8011 Graz

hatte. Das mit „viel los" ersparte ich mir, sonst würde wieder die halbe Minute aufs Tapet kommen.

„Morgen", sagte ich und nahm mir fest vor, den verdammten Hustensirup noch am Abend in den Warteraum zu tragen. Aber wie das Schicksal so spielte – ich hatte die Flasche schon fast in der Hand –, wurde ich zu einer eiligen Geburt gerufen. Der Bauer hatte selbst versucht, den Kopf des Kalbes einzudrehen und jetzt kam ziemlich viel Blut aus der Scheide. Das Kalb selbst war schon tot und tote Kälber haben immer eine klaffende Mundspalte, deren messerscharfe Schneidezähne, so man nicht aufpasst, innerliche Verletzungen herbeiführen können. Das war auch hier der Fall und ich musste, nachdem ich das Tier, es war eine Frühgeburt und daher klein, rasch extrahiert hatte, noch die Wunde nähen.

Es war gegen halb elf, als ich wieder daheim war und mein erster Gedanke, um den Triumpf still zu feiern, war ein kleiner Whisky samt Pfeife und nicht der Hustensaft.

Das sollte ich am nächsten Tag bereuen.

Ein außer sich befindlicher Haselberger fragte mich geradeaus, ob ich ihn pflanzen möchte.

Im Krieg wäre ich sicher wegen Feigheit vor dem Feind erschossen worden, weil ich erbärmlich unschuldig fragte: „Hat Ihnen meine Frau den Saft nicht hinausgestellt? Ich habe sie extra darum gebeten!" Mein Hintergedanke war, dass ein Bauer einer Lehrerin eine Pflichtvergessenheit eher nachsehen würde als seinem Tierarzt.

„Nein, hat sie nicht!"

Das Erste, was ich nun tat, war, das verfluchte Zeug endlich hinaus zu bugsieren. Dabei knallte ich vor Ärger den Sirup so heftig auf die Marmorplatte vom Kaffeehaustisch, dass ich schon einen Moment fürchtete, die Flasche könnte einen Sprung abbekommen haben. Das hätte mir gerade noch gefehlt. Es war zur Zeit meine letzte und bis zur Nachlieferung würde es wieder ein paar Tage dauern.

Aber Gott verlässt die Seinen nicht. Das Glas war heil geblieben und der Haselberger hatte sich den ganzen Tag lang nicht gerührt.

Das geschah erst so gegen acht Uhr am Abend. Es läutete an der Hausglocke, und als ich auf den Bildschirm der Gegensprechanlage schaute, erkannte ich das Gesicht vom Haselberger.

„Was ist? Haben Sie den Hustensaft nicht gefunden? Er steht im Warteraum!"

„Nein, nein, den Saft habe ich. Ich wollte nur Bescheid sagen, dass bei dem Auto am Vorplatz das Licht brennt. Bei den Temperaturen ist bald die Batterie alle."

„Ach so, vielen Dank! Meine Frau fährt sowieso gleich zum Schulball und hat wohl nur vergessen, die Scheinwerfer abzudrehen. Vielen Dank und gute Nacht!"

„Ihre Frau scheint auch so vergesslich zu sein wie Sie. Zuerst der Hustensaft und jetzt die Scheinwerfer. Also gute Nacht!"

Karin, die bereits im Ballkleid neben mir stand, hatte das Gespräch mitangehört und fragte mich nun mit getuschten, aber zusammengezogenen Augenbrauen: „Was heißt zuerst der Hustensaft? Davon habe ich nie ein Sterbenswort gehört!"

Reumütig musste ich meiner besseren Hälfte gestehen, auf welch schamlose Weise ich sie als Hitzeschild gegen den Haselberger verwendet hatte.

Also, ich mag ja bisweilen vergesslich sein, aber was Karin mir darauf erzählte, vergesse ich mein Lebtag nicht.

Vogelprobleme

Ich wartete ungeduldig, bis das Garagentor gänzlich offen war, und legte den Rückwärtsgang ein, als ich gerade noch rechtzeitig den Typen wahrnahm, der offenbar draußen gestanden war und jetzt plötzlich hinter meinem Wagen herumtanzte. Ich latschte auf die Bremse, riss die Fahrertür auf und pfauchte nach hinten: „Sind Sie wahnsinnig, Mensch? Sehen Sie denn nicht, dass ich im Begriff war, rauszufahren? Wenn ich zu Ihrem Glück nicht noch einmal in den Rückspiegel geschaut hätte, dann könnten Sie jetzt meinen Unterbodenschutz begutachten!"

Die Vorstellung schien ihn nicht besonders zu erschüttern, weil er darauf überhaupt nicht einging. Stattdessen sagte er: „Es geht um Bruno!"

Erst jetzt bemerkte ich einen munteren Katzenkopf, der neugierig aus dem Mantelspalt hervorlugte.

„Dafür habe ich jetzt keine Zeit", herrschte ich, „ich muss zu einem Notfall. Außerdem steht auf dem Praxisschild deutlich: Nur nach Vereinbarung!"

„Aber das ist auch ein Notfall!", jammerte der Mann. Er war schon älter und von gedrungener Statur. Seine Brille saß ihm schief auf der Nase.

Widerwillig stieg ich aus dem Auto und ging auf ihn zu. So wie das Katzenvieh, dem Namen nach offensichtlich ein Kater, dreinschaute, wirkte er auf mich überhaupt nicht wie ein Notfall.

„Worum geht es?"

„Er hat einen meiner Wellensittiche gefressen!"

Obwohl das Schicksal des Vogels ein tragisches war, hatte ich Mühe, mir das Lachen zu verbeißen: „Ich fürchte, da kann ich nicht mehr viel für den Sittich tun."

„Nein, nein, es geht um Bruno. Man weiß ja, dass Hühnerknochen für Hunde gefährlich sind, und darum habe ich Angst, dass er an den Vogelknochen erstickt."

Ich schüttelte den Kopf: „Wenn er bis jetzt nicht erstickt ist, wird er das auch demnächst nicht tun. Außerdem fressen tausende Katzen täglich Vögel, ohne dass es ihnen schadet." Ich war fast versucht, leider zu sagen, weil ich nicht verstehe, warum gut genährte Katzen aus Jux und Tollerei armen Singvögeln den Garaus machen mussten, und dies noch dazu qualvoll langsam. Hier hatte die Evolution einen eindeutigen Defekt. Keinem Raubtier auf freier Wildbahn würde es einfallen, mit seiner Beute vor dem Töten noch lustvoll zu spielen. Ich hatte einmal das zweifelhafte Vergnügen, als ich mit einem Bauern noch ein kurzes Gespräch vor dem Stall führte, mit eigenen Augen zu sehen, wie seine Katze mit einer noch lebenden Amsel im Mund um die Ecke geschlichen kam. Der arme Vogel schrie erbarmungswürdig in seiner Todesangst. Der Bauer beging den spontanen Fehler, die Katze anzubrüllen: „Gscht, Du Sauviech", woraufhin sie erschreckt umdrehte und wieder verschwand. Auf die Amsel hätte kein Buchmacher der Welt noch eine Wette angenommen.

Den Alten hatte ich aber nicht überzeugt: „Und in seinem Magen? Wenn sich die ganzen Vogelknochen querstellen?"

„Unwahrscheinlich!" Langsam zerrte die Konversation an meinen Nerven, außerdem hatte ich es wieder einmal eilig. Auch ein Pferd besaß ein Anrecht darauf, dass man sich um seine Kolik kümmerte. „Aber wenn Sie sicher gehen wollen", sagte ich, um ihn loszuwerden, „fahren Sie mit Bruno zu Doktor Meinhard, einem Kleintierspezialisten! Der hat Röntgen und kann damit genau in den Bauch hineinschauen!"

Um weitere Diskussionen zu unterbinden, kletterte ich ins Auto und vergewisserte mich, dass kein weiteres Hindernis hinter mir lauerte.

Der Kolikfall stellte sich als schmerzhafter, aber harmloser Darmkrampf heraus. Der braune Wallach schwitzte kräftig, aber wahrscheinlich hauptsächlich deshalb, weil seine Besitzerin, wie es so üblich war, das Pferd kilometerweit herumgeführt hatte, um es am Niederlegen zu hindern. Beim Abhorchen war keine Peristaltik vernehmbar, doch die Rektaluntersuchung ergab keinen pathologischen Befund und förderte eine Menge geformter Knödel hervor.

„Nichts Schlimmes", beruhigte ich, „der Kreislauf ist noch stabil. Wahrscheinlich spürt er den Föhn, den sie für morgen vorausgesagt haben."

Ich suchte die Halsvene und injizierte ein krampf- und schmerzstillendes Medikament. Dann verordnete ich noch für die kommenden drei Tage lediglich gutes Heu und den Verzicht auf das beliebte Pferdemüsli.

Bevor ich noch mit dem Händewaschen fertig war, steckte das Tier bereits wieder die Nase in die Futterraufe und begann zu fressen. Ein gutes Zeichen.

Auf dem Weg nach Hause rief mich der Kollege Meinhard an. Der Brunobesitzer war doch glatt mit dem Bus zu ihm gefahren. Meinhard hatte es jedoch abgelehnt, den Kater zu röntgen, und den Gedanken, der verspeiste Vogel könnte Probleme bereiten, schlicht als den größten Blödsinn bezeichnet, den er je gehört hatte. Und schlussendlich das Herrchen, weil der keine Anstalten zeigte, von selbst zu gehen, energisch zum Tempel hinauskomplimentiert.

„Weißt Du", sagte Meinhard, „ich arbeite zwar gegen mein Geschäft, aber ein bisschen Seriosität kann unserem Beruf nicht schaden. Außerdem ist mir der alte Trottel langsam auf die Nerven gegangen!"

Ich war froh, dass der Kerl offenbar nicht ausgeplaudert hatte, dass der Vorschlag des Röntgens von mir stammte, und hielt es daher für besser, auch zu schweigen.

Aber die Strafe folgte auf dem Fuß. Nach nicht einmal einer Woche stand der Typ wieder vor mir. Diesmal aber nicht in der

Garage, sondern im Warteraum. Weil der angesagte Föhn pünktlich eingetroffen und seither nicht mehr abgeklungen war, hatte er auf den Mantel verzichtet und trug Bruno offen am Arm. Erst jetzt konnte ich das kraftvolle Tier bewundern. Das rötliche Fell glänzte und die Augen verrieten einen selbstsicheren Charakter.

„Er hat schon wieder einen Sittich gefressen."

„Ja fliegen die denn bei Ihnen in der Wohnung frei herum?"

„Nein, die sind in einer großen Voliere!"

„Wie, zum Teufel, kommt er dann an sie ran?"

„Das weiß ich auch nicht. Aber es fehlt schon wieder einer. Deshalb möchte ich, dass Sie Bruno einschläfern!"

Ich glaubte, nicht recht gehört zu haben! „Hören Sie, Herr … wie heißen Sie eigentlich?"

„Siebenhandl!"

„Also, Herr Siebenhandl, das kommt natürlich überhaupt nicht in Frage! Ich kann doch kein kerngesundes Tier einschläfern, nur weil er seiner Natur folgt und Vögel frisst. Da müssen Sie halt besondere Vorkehrungen treffen. Zum Beispiel die Sittiche in einem Raum unterbringen, wo Bruno keine Zugangsmöglichkeit hat."

Herr Siebenhandl starrte eine Weile wortlos vor sich hin. Dann fragte er: „Sie wollen Bruno also nicht einschläfern?"

„Auf gar keinen Fall! Das wäre ja ein Verbrechen!" Bruno bewegte zustimmend den Schwanz.

„Und, das sage ich Ihnen auch gleich, zu Doktor Meinhard brauchen Sie deswegen auch nicht fahren! Der wird sich ebenfalls weigern und Sie höchstens hinausschmeißen, wenn Sie ihm mit diesem Ansinnen kommen."

Herr Siebenhandl drehte sich daraufhin einfach um und ließ mich stehen. Von Bruno war nur mehr der buschige Schwanz zu sehen, der unter der Armbeuge hin und her pendelte. Ich schaute den beiden durch das Ordinationsfenster nach und dachte: Meinhard hat wieder einmal die richtige Diagnose gestellt. Der da ist wirklich ein Trottel!

Kaum war das Pärchen verschwunden, klingelte das Telefon. Eine Frauenstimme meldete sich ziemlich aufgeregt: „Ist mein Mann bei Ihnen?“

„Ich weiß nicht, wer Ihr Mann ist.“

„Entschuldigung, Siebenhandl ist mein Name. Er muss bei Ihnen sein, weil er nicht da ist und der Kater auch nicht.“

„Vor zwei Minuten waren die zwei noch hier und Ihr Mann wollte, dass ich Bruno einschläfere.“

„Um Himmels willen. Das haben Sie doch nicht getan, oder?“

„Natürlich nicht. Ich habe ihm auch eingeschärft, keinen anderen Tierarzt aufzusuchen.“

„Gott sei Dank!“ Ein tiefer Seufzer. „Wissen Sie, mein Mann hat vor eineinhalb Jahren einen Schlaganfall gehabt und ist seitdem nicht mehr ganz richtig im Kopf. Zeitweise bildet er sich Sachen ein, die in Wahrheit gar nicht existieren.“

„Dann hat Bruno also nicht Ihre Wellensittiche gefressen?“

Kurze Pause. Dann: „Wir haben gar keine Wellensittiche!“

Also das schlägt dem Fass den Boden aus! „Beruhigen Sie sich, Frau Siebenhandl“, erklärte ich, obwohl ich mich selbst erst einmal beruhigen musste, „ich bin überzeugt, dass sowohl Ihr Mann als auch Bruno in Kürze wohlbehalten bei Ihnen eintreffen werden.“

„Na wenn das so ist, dann vielen Dank, Herr Doktor, und auf Wiederhören.“

Lieber nicht, dachte ich.

Nachdem ich aufgelegt hatte, kam mir der Gedanke, dass es vielleicht nicht das Schlechteste wäre, unser Veterinärmedizinstudium um das Pflichtfach Psychiatrie zu erweitern.

Dieser Gedanke verstärkte sich ungemein, als Herr Siebenhandl ein paar Tage später erneut ungebeten in der Ordination auftauchte: „Er hat schon wieder einen Sittich gefressen!“

Hoppla, dachte ich, das Spiel kann ich auch spielen. Irgendwo, irgendwann hatte ich gehört oder gelesen, dass es keinen Sinn machte, Irren zu widersprechen, man sollte lieber vermeintlich auf ihren Wahn eingehen.

„Tz, tz, böser Bruno." Dann tat ich, als ob ich ob einer brillanten Idee zu strahlen anfing: „Aber ich habe die Lösung. Sie müssen einfach die Käfigtüre immer fest verschlossen halten und zur Sicherheit ein Vorhängeschloss anbringen!"

„Aber das geht doch nicht", jammerte Herr Siebenhandl, „ab und zu muss ich sie doch aufmachen. Die armen Vögel brauchen doch auch frische Luft!"

Also eines wusste ich jetzt mit Bestimmtheit: Den Vogel in Herrn Siebenhandls Hirnkastl, den wenigstens hatte Bruno noch nicht gefressen!

Max

Eigentlich hatte alles damit begonnen, dass die Gesslbäuerin ihrem Nachbarn, dem Stadlober, ein grauweißes Kätzchen schenkte. Der Stadlober hatte zwar bis vor Kurzem selbst zwei besessen, aber beide waren plötzlich hintereinander binnen einer Woche wie vom Erdboden verschwunden.

Der Stadlober nahm zurecht an, dass sie, in Ermangelung einer Gans, der Fuchs gestohlen haben könnte und sie nicht wieder hergeben täte. Deshalb zeigte er sich über das Präsent auf vier Beinen hocherfreut, was man von demselben nicht behaupten konnte. Abgesehen davon, dass am Stadloberhof auch noch ein grantiger Haushund beheimatet war, ließen sich Katzen bekanntlich nicht gerne fremdbestimmen.

Das Kätzchen schnürte also symbolisch sein Ränzel und beschloss, sich ungefähr fünfhundert Meter weiter entfernt zwischen meinen Nachbarn, den Webers, und mir anzusiedeln.

Herr Weber war höchst entzückt über den herzigen Neuzugang und das Erste, was er tat, war, dass er ihn Pinki taufte und in das Lagerhaus fuhr, um einen Fünfzig-Kilo-Sack Katzenfutter zu kaufen. Dort begegnete er zufällig dem Stadlober, der sich gesagt hatte, „na gut, dann eben ohne so ein undankbares Mistviech", und einen ganzen Karton Mäusefallen in Richtung Kassa schleppte. „Die können wenigstens nicht wegrennen", meinte er beim Vorbeigehen grimmig zu Herrn Weber.

Herr Weber war ganz vernarrt in Pinki. Seit Wotan, sein Hund – die Leser kennen ihn noch aus dem Band „Die Pfoten hoch" –, vor einigen Jahren friedlich das Zeitliche gesegnet hatte, hatte er immer geschworen: „Ich nehm' mir kein Haustier mehr!" Verständlich, er und seine Frau fuhren Taxi und waren die meiste Zeit, ebenso wie ich, unterwegs.

Jetzt aber erklärte er mir enthusiastisch, als wir uns in der Früh beim Schneeschaufeln vor unseren Garagen trafen: „Wissen Sie, Herr Doktor, so eine Katze ist doch etwas völlig anderes als ein Hund. Viel pflegeleichter. Man kann sie tagsüber alleine lassen, braucht nicht mit ihr Gassi zu gehen, sie bellt nicht stundenlang, und wenn man am Abend heimkommt, ist doch noch wer da außer meiner Frau!"

„Nach den Kriterien könnten Sie sich aber auch einen Goldfisch im Aquarium halten", schmunzelte ich.

„Na hören Sie! Mit einem Goldfisch kann man doch nicht reden!"

„Im Prinzip schon", erwiderte ich, lehnte die Schneeschaufel an die Wand und beeilte mich, in den Wagen zu kommen.

Pinki hatte sich derweilen eine strikte Arbeitsteilung zugelegt. Schlafen und Fressen tat sie drüben, zum Schmusen und Naschen kam sie zu uns. Ich nehme ja bekanntlich immer irgendwelche Leckerbissen in Form von übriggebliebener Wurst oder Schinken mit auf die Visiten, um meine vierbeinigen Freunde auf den diversen Bauernhöfen damit zu versorgen. Sie warteten schon darauf und mein Standardspruch lautete daher stets: „Zum Glück haben die meisten Bauern einen Hund oder eine Katze, dann freut sich wenigstens Einer, wenn der Tierarzt kommt." Auch für zutrauliche Schweine fällt immer etwas ab, die stehen, sobald sie meine Hupe hören, bereits Habt Acht in ihrer Box. Dabei wissen sie nicht, dass eigentlich ich der Nutznießer dieser Aktionen bin, weil es mir eine kurze Entspannung vom Stress bedeutet, ihnen den borstigen Rücken zu kratzen, während sie wohlig grunzen und das Mitgebrachte schmatzend verzehren. Muss ich zum Beispiel ein Pferd impfen, stecken in meiner Westentasche stets ein paar Stück Würfelzucker oder ein hartes Brotscherzl.

Seit Neuestem habe ich sogar für die zwei Zwerghasen Benni und seine Freundin Sissi vom Wendlerbauern etwas mit an Bord. Die beiden kennen mein Auto schon entweder am Klang oder an der weißen Farbe. Wenn ich vor dem Stall halte, hoppeln sie dann sofort an das Gitter ihres großen Freigeheges heran und bauen dort Männchen bzw. im Fall von Sissi Weibchen, um politisch korrekt beim Gendern zu bleiben.

In der warmen Jahreszeit hatte ich mir angewöhnt, ihnen ein Büschel Grashalme auszurupfen und sie ihnen durch das Maschengitter zuzustecken, da auf ihrem Terrain begreiflicherweise kein Halm mehr wuchs. Aber als ich zum ersten Mal an einem Wintertag eintraf, war das nicht möglich. Ich schwöre, noch nie hatte ich zwei Langohren mit einem derart enttäuschten Gesichtsausdruck gesehen. Nicht einmal der Osterhase könnte betropetzter dreinschauen, wenn ihm der Eierkorb hinunterfällt.

Seitdem liegen, wenn ich auf den Wendlhof gerufen wurde, immer ein oder zwei Salatblätter und eine lange Karotte hinten im Kofferraum bereit.

Der Wendler amüsiert sich mittlerweile königlich über die Bettelei seines Meister-Lampe-Duos und meinte: „Wenn Sie demnächst noch Eis und Schokolade für die Kinder mithaben, sind Sie eine mobile Greißlerei!“

Natürlich wusste auch Pinki meine Leckerbissen zu schätzen, sie waren auf jeden Fall schmackhafter als das Katzenfutter vom Lagerhaus. Sobald sie das Geräusch des Garagentores hörte, kam sie herbeigeeilt und ließ sich gnädig bewirten. Anschließend legte sie sich auf den Rücken und wälzte sich auf dem Vorplatz hin und her als Zeichen, dass nun einige Streicheleinheiten fällig waren. Der Mensch lebt schließlich nicht nur vom Brot allein und für Katzen gilt dasselbe.

Sobald ich sie auf den Arm genommen hatte, schmiegte sie ihren Kopf gegen meinen Hals und schnurrte, dass die Barthaare zitterten. Sowohl ihre als auch meine.

Nur eine Sache bereitete uns Sorgen. Die gute Pinki hatte für sich ein Spiel entdeckt, welches höchst lebensgefährlich war. Es bestand darin, unmittelbar vor einem herannahenden Auto die Straße zu überqueren. Ich hatte sie mehrmals dabei beobachtet.

Zuerst dachte ich, dass sie das aus reiner Dummheit machte, bis ich merkte, dass sie das ganz bewusst tat. Sie wartete geduldig am Rand der, zugegebenermaßen, nicht allzu breiten Fahrbahn, die durch unsere Siedlung führt, bis ein Wagen sich näherte. Im letzten Moment sprintete sie los und setzte mit wilden Sprüngen auf die andere Seite. Entweder war es für sie eine Art Mutprobe oder ein Heidenspaß, wenn die Bremsen quietschten. Sogar Herr Weber und ich mussten schon einige Vollbremsungen vollführen, um Pinki nicht alle sieben Katzenleben auf einmal auszublasen.

Das war natürlich keineswegs lustig, aber machen Sie das einmal einer närrischen Katze begreiflich. Da können Sie genauso gut mit einem Goldfisch reden.

Und so geschah das Unvermeidliche.

Das Handy läutete und ein vollkommen aufgelöster Herr Weber war am anderen Ende der Leitung, was heutzutage heißt: am anderen Ende der Funkverbindung. „Herr Doktor, Sie müssen gleich kommen! Die Pinki ist unter ein Auto geraten!"

„Tot?", schrie ich in den Apparat, was natürlich ein Nonsens war, weil wenn sie tot gewesen wäre, hätte sie keinen Tierarzt mehr gebraucht.

Was war geschehen? Pinki war wiederum einmal dabei, im letzten Moment vor einem Auto über die Straße zu rennen, als plötzlich auf der gegenüberliegenden Seite ein wildfremder Hund aus dem Gesträuch auftauchte. In wilder Panik drehte sie um und knallte gegen das Hinterrad des vorbeifahrenden Pick-Ups.

„Nein, nicht tot! Aber das Blut rinnt ihr aus der Nase und die eine Vorderpfote baumelt!"

„Sofort zu Doktor Meinhard", befahl ich. Erstens bin ich hauptsächlich Großtierpraktiker und für Kleintiernotfälle nicht ausreichend ausgestattet, zweitens war ich gerade kurz vor der Krugeralm, wo eine Kalbin in vorzeitigen Wehen lag.

Als ich am Abend nach einigen weiteren Almbesuchen ziemlich geschlaucht heimkam, läutete ich noch bei Webers an. Der

Hausherr persönlich öffnete, seine Frau war seit einer Stunde unterwegs, einen ebenso besoffenen wie holländischen Discobesucher, der seine Adresse vergessen hatte, in der Gegend herumzukutschieren.

Herrn Weber umwehte eine Schnapsfahne, Birne, erschnupperte ich. Kein Wunder, dass seine Gattin unterwegs war.

„Wie geht es Pinki?"

Herr Weber rülpste dezent, und da war ich mir sicher: Birne! „Den Umständen entsprechend nicht so schlecht! Gott sei Dank ist sie nicht unter das Hinterrad gekommen, sondern nur außen gegen die Felge. Sie hat eine Gesichtsschädelprellung und ein gebrochenes Bein. Nichts, was nicht heilen würde, hat Ihr Kollege gesagt. Weil, wenn sich bei einer Katze die Knochenenden im selben Zimmer befinden, wachsen sie von selbst zusammen, waren seine Worte. Darum hat er sie nicht operiert, sondern kon... kon... kon... konversativ behandelt!"

„Konservativ", verbesserte ich.

„Auch wurscht! Möchten Sie sie sehen? Kommen Sie herein."

Ich schlüpfte aus den Gummistiefeln und tapste auf Socken hinter ihm her ins Vorzimmer. Dort lag Pinki in ihrem Katzenkorb und maunzte kläglich.

„Selbst schuld, Du Deppin", schimpfte ich, „jetzt brauchst Du gar nicht jammern. Kannst sowieso noch von Glück reden!" Aber vielleicht tat sie das ja gerade.

Die Vorderpfote war dick bandagiert, auf einen schweren Gips hatte Meinhard verzichtet. Sobald die Schwellung abgeklungen sein würde, kam bestimmt eine leichte Kunststoffummantelung darauf.

Der Heilungsverlauf gestaltete sich in der Folge problemlos und ein Gutes hatte der Unfall auch mit sich gebracht: Pinki stellte nicht nur ihre halsbrecherischen Aktionen ein, sie hatte von da an auch einen höllischen Respekt vor Motorgeräuschen. Sobald sie ein Fahrzeug hörte, war sie schon die berühmte Wolke.

Trotzdem machte sich Herr Weber ernsthafte Sorgen, als Pinki im Frühjahr für einige Tage spurlos verschwunden war.

„Sie wird doch hoffentlich nicht wieder von einem Auto überfahren worden sein?“, runzelte er die Stirne.

Das glaubte ich nicht, so wie sich Pinki seit ihrem Unfall verhalten hatte, aber was weiß man schon. Schließlich lauern noch genug andere Gefahren auf eine Katze in freier Wildbahn.

Der Fuchs, zum Beispiel, ein übereifriger Jäger, oder sie konnte versehentlich irgendwo eingesperrt worden sein. Schließlich war mir das auch schon zwei Mal passiert, als ich das Garagentor am Abend geschlossen hatte, ohne zu bemerken, dass sich Pinki heimlich hereingestohlen hatte. Ich drehte das Licht ab und machte mit gutem Gewissen die Türe zum Vorraum zu.

Am nächsten Morgen hockte dann eine sichtlich verärgerte Katze neben meinen Gummistiefeln und miaute mir vorwurfsvoll entgegen.

Jedoch unsere Befürchtungen erwiesen sich als grundlos, denn nach nicht einmal einer Woche erschien Pinki wieder auf der Bildfläche, ganz so, als ob sie nie verschwunden gewesen wäre.

Wo sie sich in der Zwischenzeit herumgetrieben hatte, verriet sie uns natürlich nicht, aber Herr Weber passte mich nach einer Weile beim Wegfahren ab und hatte wieder sein sorgenvolles Dackelgesicht aufgesetzt: „Ich kann mir nicht helfen, aber mir kommt vor, dass Pinki mit jedem Tag dicker wird. Sie wird doch keinen Tumor im Bauch haben?“

Oh heilige Einfalt! Schlank war sie ja schon vorher nicht gewesen, aber es stimmte, Pinki legte um die Mitte gehörig zu.

„Also, den Tumor, glaube ich, können Sie vergessen! Ich wette, dass Pinki sich in ihrer Abwesenheit einen feschen Kater aufgerissen hat und nun trächtig ist.“

Herr Weber starrte mit ungläubigem Staunen auf Pinki, die es sich zwischen uns gemütlich gemacht hatte und ihre Pfoten leckte: „So eine Schlampe! Sind Sie sicher?“

„Ziemlich!“

„Wie lange dauert denn das und wie viele Jungen kriegt so eine Katze?"

„Das ist ganz unterschiedlich. Normalerweise beträgt die Tragezeit zwischen dreiundsechzig und siebzig Tagen, und wie viele Welpen sie zur Welt bringt, ist auch nicht vorhersehbar. Gewöhnlich sind es bei Erstgebärenden nur drei, kann aber natürlich wie bei der Greißlerin ausfallen, nämlich: „Darf's ein bisserl mehr sein?"

Diese kurze Einführung in die Katzengravidität schien Herrn Weber nicht sonderlich zu beruhigen: „Na bravo", murmelte er, „da wird meine Frau eine Mordsfreude haben!"

Ungefähr zwei Monate später läutete Herr Weber an unserer Türglocke Sturm: „Ich glaube, es ist so weit, aber irgendetwas stimmt nicht!"

„Zu Meinhard", bestimmte ich. Katzengeburten mit Komplikationen fielen nicht in meine Kompetenz, sondern gehörten unbedingt zum Kleintierspezialisten.

Herr Weber sauste los, als läge er selbst in den Wehen.

Abends schaute ich noch auf einen Sprung bei ihm vorbei. „Was war?"

„Kaiserschnitt!", erklärte er. „Vier Junge, davon aber drei tot. Nur der da hat gelebt."

Er zeigte auf den Katzenkorb, wo Pinki mit einem komplett schwarzen Welpen an ihrer Seite lag.

„Ich habe sie gleich sterilisieren lassen, damit das nicht wieder vorkommt."

„Sehr vorausschauend", lobte ich, „aber es heißt kastrieren, weil dabei die gesamte Gebärmutter samt den Eierstöcken entfernt wir. Sterilisieren würde bedeuten, dass nur die Eileiter unterbunden werden und das funktioniert, wie man von Frauen weiß, auch nicht immer."

„Kastration, von mir aus", brummte Herr Weber, „jedenfalls kommt einem so eine Katze ganz schön teuer!"

„Wer sein Haustier liebt, der gibt", grinste ich. „Gute Nacht!"

Der schwarze Winzling entpuppte sich als Kater und wurde auf den Namen „Max“ getauft.

Seine ersten Besuche zu mir absolvierte er noch in Begleitung seiner Mutter, der er aber sofort die besten Happen vor der Nase wegfraß. Pinki, wie Mütter halt sind, tolerierte zu Anfang die Unverfrorenheit ihres Sohnemannes und ich musste mich jedes Mal beeilen, dass sie auch noch etwas abbekam, ohne dass der kleine Gierschlund etwas merkte. Aus der Milchschale tranken sie gemeinsam, wobei Max derartig schlabberte, dass sein schwarzer Pelz mit weißen Spritzern übersät war und er aussah, als hätte er Küchenmöbel gestrichen.

Auch sonst war er ein Frechdachs erster Güte. Sobald er das Geräusch des automatischen Garagentors vernahm, kam er schon aus irgendeiner Himmelsrichtung herbeigaloppiert.

Zuerst war er nur ein schwarzer Punkt in der Ferne und gleich darauf war er da. Kaum, dass Karin den wohlgefühlten Einkaufskorb aus dem Auto gehoben hatte, hüpfte er mit einem eleganten Satz hinein und begann, die Waren zu inspizieren, als wäre er vom Zoll. Besonders die Wurstsackerln. Meine viel bessere Hälfte zeigte sich darüber nicht besonders begeistert, sodass ich ihr den Rat gab: „Mach es halt wie die afrikanischen Frauen. Die balancieren ihre Lasten auf dem Kopf.“

Karin musste die Gepflogenheiten der Afrikanerinnen missverstanden haben, denn sie setzte stattdessen mir beinahe den Korb auf.

Auch unser alter, aber kleiner Apfelbaum hatte es Max angetan. Zugegeben, er war schon kein Prachtexemplar, als wir das Grundstück kauften, und wurde es auch nicht unter unserer Hegemonie. Mehr als drei, vier armselige Äpfel hatte ich nie auf ihm gesehen. Aber für Max bildete er das ideale Klettergerät. Jeden Tag kraxelte er daran hinauf, und wenn er dann im Geäst saß, schrie er, weil er sich offenbar nicht mehr hinuntertraute. Also holte ich brav jedes Mal die Leiter aus dem Geräteschuppen und begab mich auf Katzenbergungstour.

Die letzte kurze Distanz überwand Max immer mit einem Sprung in meine Arme, sodass ich fast von der Leiter fiel, und zeigte sich dankbar wie ein Alpinist nach seiner Rettung aus der Eiger Nordwand.

Bis ich eines Tages wiederum in Eile war und keine Zeit hatte, Max aus seinen luftigen Höhen zu befreien.

Schmor Du nur dort oben ein Weilchen, dachte ich, vielleicht vertreibt Dir das die Flausen.

Während ich den Wagen anließ, beobachtete ich durch das Garagenfenster, das freie Sicht auf den Garten gewährte, wie Max, offenbar in der Einsicht, dass der Trottel vom Dienst, also ich, heute nicht zur Stelle war, mühelos den Baumstamm hinunterkletterte. Das kleine Luder hatte nur meine Zuwendung erregen wollen oder mir zeigen wollen, wie schön es in so einer Baumkrone ist.

Und dann kam der Freitag, ein Dreizehnter. Abergläubische Menschen würden behaupten, dass sich schwarze Katzen sogar selbst Unglück bringen könnten.

Ich war gegen Mittag soeben von meiner letzten Visite heimgekehrt und wartete bei laufendem Motor, bis das Garagentor aufging. Nanu, dachte ich, heute keine Spur von Max.

Aber nachdem ich seinen Terminkalender nicht kannte, nahm ich an, dass er womöglich ein Rendezvouz mit einem netten Katzenmädchen hatte

Ich nahm den Fuß von der Bremse und rollte langsam in die Garage.

Als ich aus dem Auto stieg, sah ich Max.

Er wälzte sich wild auf den Garagenfliesen hin und her. Ganz die Mama, dachte ich und sagte: „Na, Du Herumtreiber, heute Verspätung gehabt?“

Da schwante mir, dass etwas nicht in Ordnung war. Plötzlich wurde sein Körper von grauenhaften Krämpfen gebeutelt, er begann zu röcheln und schüttelte den Kopf, dass das Blut aus Nase, Mund und Ohren an die Wände spritzte.

Ich stürzte auf ihn hin, aber da war es schon zu Ende. Ein letztes Strecken und Max war tot.

Der Dummkopf musste mir im Eifer des Gefechtes, meine Ankunft ja nicht zu versäumen, unter ein Rad geraten sein. Ich hätte heulen können vor Wut. Immer hatte er brav daneben gewartet, bis der Wagen zum Stillstand gekommen war und ich ihn verließ, ehe er um meine Beine herumscharwenzelte. Aber umgekehrt, ich war ja nicht mit Karacho in die Garage gebraust und tote Winkel sind tote Winkel.

Zuerst schenkte ich mir zitternd einen doppelten Cognac ein, dann säuberte ich die Wandkacheln und den Boden. Max packte ich in eine Lage Zeitungspapier, stopfte das Ganze in einen Plastiksack und deponierte das Bündel zwischen unseren Mistkübeln. Ich würde ihm am Abend ein Grab unter seinem geliebten Apfelbaum ausheben, denn, man mag es sentimental nennen, ihn in dem stinkenden Container der Tierkörperverwertung wie ein Stück Abfall zu entsorgen, brachte ich nicht über mich.

Anschließend pilgerte ich zu Herrn Weber hinüber, um ihm meine Schandtat zu beichten.

„Machen Sie sich nichts draus, Herr Doktor, was glauben Sie, wie viele Katzen ich schon in meinem Taxlerleben zusammengeführt habe.“ Das baute mich jetzt auch nicht gerade auf.

Karin versuchte eine etwas esoterisch angehauchte Tröstung, sie legte den Arm um meinen Hals und sagte: „Schau, jedes Individuum hat eine vorgezeichnete Vita. Und die von Max war eben abgelaufen.“

„Und in meiner steht, dass ich ihm über den Schädel fahren musste?“

Während die Dämmerung langsam Einzug hielt, die Sonne war schon längst hinter dem Silberpfenning verschwunden, hob ich unter dem letzten Gezwitscher der Amseln hinten im Garten eine Grube aus. Sobald ich mir sicher war, dass sie ausreichte, ging ich vor das Haus, um die sterblichen Überreste von Max zu holen.

Aber, wo zum Kuckuck, war der Plastiksack? Fort war er! Das durfte doch nicht wahr sein! Wer zum Henker fladert eine tote Katze?

„Wahrscheinlich ein Tier", mutmaßte Karin.

„Dann wäre der Sack wohl aufgerissen. Ich glaube kaum, dass so ein Räuber seine Beute heimträgt wie Du unseren Sonntagsbraten."

Ich ging nochmals vors Haus und stöberte zwischen den dichten Büschen herum, ob nicht vielleicht doch ein Fuchs oder Dachs den Kadaver dorthin verschleppt hatte.

Da vernahm ich, als ich so herumkroch, die Stimme von Herrn Weber in meinem Rücken: „Suchen Sie was, Herr Doktor?"

„Ja." Ich klopfte mir die Erdreste und Blätter von den Hosenbeinen. „Den Max! Ich habe ihn eingewickelt und da hingelegt, weil ich ihn im Garten begraben wollte."

„Ojeh!" Das Gesicht von Herrn Weber nahm einen schuldbewussten Ausdruck an: „Den habe ich am Nachmittag zur unserer TKV-Sammelstelle am Ortsrand gebracht. Ein Bauhofmitarbeiter hat mir aufgesperrt. Ich bin ja sowieso daran vorbeigefahren und habe geglaubt, ich nehme Ihnen einen Weg ab, Sie haben ja ohnehin so viel zu tun."

Das war natürlich ein Dilemma, weil ich nicht wusste, ob ich Herrn Weber für seine Hilfsbereitschaft danken oder ihm wegen seiner Gschaftlhuberei den Spaten überziehen sollte.

Jetzt stand ich da mit einem Loch im Garten. Und einem tieferen in meinem Herzen!

Amor ist ein Wettergott

„Sagen Sie, Herr Doktor, wissen Sie keine Frau für meinen Friedl? Ihr Tierärzte kommt doch weit genug in der Gegend herum."

Ich musste gestehen, dass mich diese Anfrage etwas überraschte. Erstens war ich gerade dabei, einer Kuh, die ein bereits in Verwesung begriffenes Kalb abortiert hatte, die unheimlich stinkende Nachgeburt aus der Gebärmutter zu räumen, also nicht gerade eine Situation, in der man sich romantischen Überlegungen hingibt, zweitens stellte das Ansinnen doch etwas dar, das nicht zu den üblichen Aufgaben eines Tierarztes gehörte.

Man ist ja durchaus gewohnt, so beiläufig gefragt zu werden, ob man nicht zufällig wüsste, welche gute Treibhündin auf einem anderen Hof vor kurzem Nachwuchs bekommen hatte, weil der eigene schon zu alt für die Arbeit war, oder wer einen am Betrieb ausgedienten Sprungstier noch für einen letzten Almsommer brauchen könnte bzw. wo man möglicherweise auf die Schnelle eine Mutterkuh für verwaiste Zwillingskälber fand.

Die Suche nach einem Hoferben war hingegen etwas gänzlich Neues.

Der Stranzlbauer, der den Kuhschweif zur Seite hielt, damit ich ungestört arbeiten konnte, schaute giftig drein: „Der Hias ist schon seit drei Jahren verheiratet und hat zwei Kinder und ausgerechnet der, der einmal den Hof übernehmen soll, tut so, als ginge ihn das Ganze nichts an!"

Der Matthias war der jüngere Sohn vom Stranzl und war bei der Bergbahn beschäftigt.

Der Stranzl maulte weiter: „Voriges Jahr hätte der Friedl so eine Partie machen können, die Tochter vom Riemann aus dem Arler-Tal wäre zu haben gewesen!"

Ich kannte den Riemannhof von einigen Wochenenddiensten her, aber auch besagte Tochter, daher konnte ich den Friedl verstehen. Ich hätte sie auch nicht haben mögen, trotz des vielen Geldes, das sie in die Ehe mitbringen würde. Sie war nicht nur wenig attraktiv, was bei einem netten Wesen zu verschmerzen wäre, aber bei ihrer großbäuerisch herrischen Art hätte der Friedl, obwohl das Stranzlgut auch nicht gerade ärmlich dastand, bestimmt nichts zu lachen gehabt.

Es war mir soeben gelungen, ein weiteres Stück des fauligen Fleisches aus dem Inneren der geduldigen Kuh abzulösen und es in die Mistrinne fallen zu lassen: „Na, er wird halt noch auf die Richtige warten. Sie schlagen bei der Rinderversteigerung ja auch nicht bei der Erstbesten zu, die in den Ring getrieben wird."

Man möge mir diesen etwas unzarten Vergleich verzeihen, aber das war die Sprache, die der alte Stranzl verstand.

Jetzt grinste er sogar aus seinem Stoppelbart heraus: „Da haben Sie Recht, aber wenn ich zu lange warte, sind die besten auch weg!"

Ich lachte: „Ja, aber die Auswahl an Heiratskandidatinnen endet ja auch nicht bei irgendeiner Katalognummer!"

Damit beendete ich meine Arbeit und legte einige antibiotische Stäbe in den Uterus ein.

Dann verpasste ich der Kuh, die sichtlich erleichtert war, die Prozedur überstanden zu haben, noch eine Spritze. „Wenn das Fieber morgen herunten ist, komme ich in einer Woche wieder, um sie zu spülen!", erklärte ich, froh darüber, dass ich dem Kuppeleigespräch entrinnen konnte.

Aber der Stranzl, ich hätte es besser wissen müssen, gab nicht so schnell auf. Als ich nach einer Woche zur angekündigten Spülung auftauchte, war seine erste Frage: „Und? Haben Sie sich schon ein bisschen umgeschaut, Herr Doktor? Sie wissen, wegen einer Bäuerin für den Friedl!"

Der meinte das tatsächlich ernst.

Zur Peinlichkeit der Situation trug diesmal der Umstand bei, dass das Gespräch in Anwesenheit von Friedl stattfand. Da der alte Stranzl nicht besonders groß war, hatte er seinen Junior angewiesen, mir bei der Spülung zur Hand zu gehen und die Flasche, von der der Gummischlauch über einen Katheter in die Gebärmutter der Kuh führte, in die Höhe zu halten.

Ich mochte den Friedl, einen freundlichen hilfsbereiten Burschen, der trotz seiner Statur wie ein unbemalter Bauernkasten eher von schüchterner Natur war. Er besaß mit Sicherheit, was den Umgang mit dem weiblichen Geschlecht anbelangte, nicht das ehemalige Draufgängertum seines Erzeugers, der aus seinen jungen Jahren mindestens zwei ledige Kinder im Ort sein Eigen nannte. Über ein Drittes war vor langer Zeit sogar prozessiert worden, aber da es damals noch keinen Gentest gegeben hatte, hatte der Stranzl den Gerichtssaal mit siegreichem Grinsen verlassen.

Mir war die Sache höchst unangenehm, deshalb erwiderte ich schroff: „Bedauere, aber Vieh- und Frauenhandel, vor allem letzterer, ist uns aus standesrechtlichen Gesichtspunkten untersagt!"

Der Friedl, der inzwischen puterrot angelaufen war, drückte mir dankbar die leere Flasche in die Hand und machte, dass er davon kam.

Der Stranzl starrte ihm nach und grantelte. „Sehen Sie, so verdrückt er sich immer, wenn es um seine Zukunft geht! Ich frage mich manchmal, ob der überhaupt von mir ist!"

Mein Lieber, dachte ich, wenn das Deine Stranzlbäuerin gehört hätte, dann solltest Du Dir um Deine Zukunft Sorgen machen.

Als ich Karin davon am Abend erzählte, lachte sie: „Ich glaube, er hat sich in Dir den Falschen ausgesucht! Wenn ich dich damals nicht genommen hätte, würdest Du wahrscheinlich bis heute so ein Stranzl-Friedl sein."

„Also hör mal! Immerhin habe ich Dir im Garten von der Besamungsanstalt in Gleisdorf den Antrag gemacht", entgegnete ich entrüstet.

„Ja, aber nur, weil ich Dir mit dem Zaunpfahl, der in Wirklichkeit ein Telegraphenmast war, einen Wink gegeben habe."

Wie erinnerlich und in meinem ersten Buch „Mit der Kuh auf Du" beschrieben, hatte sich meine spätere Holde aus Angst vor einem freilaufenden Stier, der sich als friedfertige Kuh Alma entpuppte, in meine Arme geflüchtet.

Aber vielleicht war das auch nur weibliche Taktik gewesen.

Ein sehr gescheiter Mensch hat einmal gesagt, Frauen erspüren Liebeserklärungen schon lange, bevor der Mann daran denkt.

Wie es der Zufall wollte, kam der Stranzl-Matthias auf dem Heimweg von der Arbeit in der Praxis vorbei, um eine Packung Katzenpillen zur Verhütung zu kaufen. „Zwei Kinder und eine Katze reichen völlig aus! Und da meine Frau auch so ein Zeug schluckt, wird es der Katze auch nicht schaden.", erklärte er unverblümt. Dann zwinkerte er mir verschwörerisch zu: „Ich habe vom Friedl gehört, dass Sie der Vater als Heiratsvermittler engagieren wollte!"

Ich nickte grimmig: „Hat er! Aber ich habe ihm unmissverständlich klargemacht, dass sich der Friedl selbst um eine umschauen soll."

„Hat er ja schon!"

„Aber geh!" Vor Überraschung fiel mir fast die die Schachtel mit den Katzenpille aus der Hand. „Wen denn?"

„Die Melissa, die jetzt schon den dritten Sommer unsere Alm bewirtschaftet. Ich glaube, sie hat auch für den Friedl etwas übrig!"

Die war mir von sporadischen Visiten auf der Stranzlalm ein Begriff. Eine nette und hübsche Oberösterreicherin, die in Wien auf der BOKU Landwirtschaft studierte. Und weil es im Mühlviertel keine Almen gab, sie aber von Sehnsucht nach richtigen Bergen geplagt wurde, hatte sie sich um den Ferialjob als Sennerin beworben.

Seitdem erledigte sie dort ihre Arbeit jedes Jahr mit Eifer und Sorgfalt zur allgemeinen Zufriedenheit, auch der der Wanderer, die unterwegs auf der Stranzlalm einkehrten und von ihr mit Freundlichkeit bewirtet wurden.

„Warum macht dann der Friedl so ein Geheimnis daraus? Eine Schwiegertochter, die in der Landwirtschaft aufgeht, ist doch die ideale Besetzung!"

„Sie kennen unseren Vater schlecht! Eine Studentin, noch dazu eine mittellose, kommt für den nicht in Frage."

„Wie kann man nur so verbohrt sein?", rief ich empört. „Will mich auf Spähtrupp nach einer Braut schicken und hat sie vor der Nase!"

„Alte Generation, Herr Doktor, alte Generation! Eine, die einheiratet, muss auch etwas mitbringen!" Der Hias demonstrierte die Geste des Geldzählens. „Und darum traut sich der Friedl nicht, mit der Wahrheit herauszurücken."

„Aber das ist doch geradezu mittelalterlich!"

„Ich weiß das, Sie wissen das und der Friedl auch. Aber der Alte ist halt ein Sturschädel."

Dass ich so bald nach dem Gespräch die Melissa zu Gesicht bekommen würde, hätte ich auch nicht gedacht. Der Sommer und somit die kostbare Almzeit neigte sich schön langsam dem Ende zu, gerade in den Bergen merkte man schon deutlich die kürzer werdenden Tage. Und auch wenn es in der Sonne noch sehr warm sein konnte, sobald sie untergegangen war, nahm die Luft an Schneidigkeit zu. Höchstens nur noch zwei, drei Wochen und das letzte Vieh würde wieder glänzend und wohlgenährt in die heimatlichen Ställe zurückkehren.

Doch so weit war es im Augenblick noch nicht und darum zuckte ich zusammen, als mir Karin nachmittags am Telefon mitteilte, der Stranzlbauer hätte angerufen und gesagt, ich möge heute noch zu ihm auf die Alm raufschauen. Eine seiner besten Kühe fraß seit zwei Tagen nichts und mit der Milch wäre sie auch ordentlich zurückgefallen.

Ich stöhnte. Die Stranzlalm lag verflucht weit oberhalb der Baumgrenze und ließ sich nur über einen Weg erreichen, der sich in endlosen Serpentinen und Haarnadelkurven den Berg hinaufschlängelte und sich noch dazu seit dem letzten Unwetter im Vorjahr ausgewaschen und in erbärmlichen Zustand präsentierte. Eine kurze Überschlagsrechnung im Kopf führte mich zum entmutigenden Ergebnis, dass mich der Ausflug mindestens zweieinhalb Stunden kosten würde. Ich schaute auf die Uhr: Viertel nach fünf! Auf der Heimfahrt würde es schon stockdunkel sein. Außerdem fragte ich mich, woher der Stranzl um diese Uhrzeit Kenntnis von seiner Kuh haben konnte. Zu der Zeit gab es auf dem Mobilfunksektor, die Jungen heutzutage würden sich scheckig lachen, nur das C- und später das D-Netz. Beide wiesen jedoch weiße Flecken im Sendebereich auf und die Stranzlalm war einer davon.

Aber egal. Dienst ist Dienst und Schnaps ist Schnaps. Vor allem ersterer.

Der untere Teil der Straße ging ja noch, aber nach einem guten Drittel des Weges wurde es kriminell. Vorsichtig manövrierte ich den Wagen über tiefe Schlaglöcher und Bodenrinnen hinweg, schließlich war er noch ziemlich neu und ich wollte, dass er noch ein Weilchen länger so bliebe.

Ungefähr auf der Hälfte des Weges erspähte ich den silbergrauen Pick-Up vom Stranzlhof, der seitlich an die Böschung gezwängt dastand, dass man gerade noch daran vorbeikam. Da stieg auch schon der Friedl aus und gestikulierte mit den Armen wie ein Flugzeugeinweiser.

„Entschuldigen Sie, Herr Doktor, aber mir ist da ein Malheur passiert! Ich wollte noch ein paar Vorräte auf die Hütte hinaufbringen, weil sie für die Nacht einen Wettersturz mit jeder Menge Neuschnee vorhergesagt haben, und jetzt ist mir blöderweise der Diesel ausgegangen. Darf ich das Zeug zu Ihnen umladen und mitfahren?"

Auch wenn wir uns nicht in der Eiger Nordwand befanden, Hilfestellung am Berg ist das oberste Gebot.

Allerdings verdüsterte sich meine Laune, als ich sah, was der Friedl da alles von der Ladefläche seines Gelände-LKWs herunterholte. Mein Toyota Landcruiser zählte zwar nicht zu den Kleinwagen, aber trotzdem war er mit Medikamentenschränken, Instrumentenkoffern und sämtlichen Schläuchen und Sonden bereits ziemlich vollgerammelt. Skeptisch beobachtete ich, wie der Friedl die Kartons mit Gemüse, Eiern, Brot, Speck und Geselchtem in sämtliche Hohlräume stopfte. Erstaunlich, wo der noch Platz fand, und wo keiner mehr war, half er mit Körperkraft nach. Ich hoffte nur inständig, dass er dabei wenigstens die Eier nicht zu sehr quetschte. Dann schwang er sich auf den Beifahrersitz, den Sack mit Erdäpfeln stellte er sich zwischen die Beine und die Bierkiste, die sich nicht quetschen ließ, nahm er auf den Schoß.

„Fertig, wir können fahren", erklärte er fröhlich.

Bis zur Schmerzgrenze beladen wie ein thailändisches Lastenmoped, kurvten wir weiter bergan.

Ich war ganz gegen meine Gewohnheit ziemlich mundfaul, weil ich jeden Moment erwartete, durch die Schaukelei einen Salatkopf ins Genick zu bekommen oder einen Bund Radieschen als Ohrgehänge. Am meisten fürchtete ich die Eier.

Endlich erreichten wir das Hochplateau und die Stranzlalmhütte samt Melkstall mit ihren in Jahrhunderten von Wind und Wetter zerfurchten, schwarzen Holzwänden lag vor uns.

Melissa begrüßte mich freundlich und ihren Friedl herzlich. Man musste kein Chemiker sein, um zu erkennen, dass es zwischen den beiden stimmte.

Während der Friedl die Verpflegung aus meinem Wagen wieder herausarbeitete, ließ ich mir von Melissa die Kuh zeigen. Im niederen Stall, wo man aufpassen musste, nicht mit dem Kopf gegen die Deckentram zu stoßen, stand die Gusti einsam und hatte einen verzweifelten Blick in ihren schönen dunkelbraunen Augen. Das leichte Zittern in der Flankengegend fiel mir sofort auf. Ebenso die dezente Aufblähung der linken Hungergrube. Ich war mir meiner Diagnose schon sehr sicher, und nachdem ich eher festen Kot im Rektum gespürt und die Körpertemperatur gemessen hatte, ganz sicher.

Eine abschließende Fremdkörperprobe bestätigte mich in meiner Ansicht. Sobald ich Gustis Wirbelsäule mit festem Griff zum Durchbiegen veranlasste, ächzte sie vernehmlich.

„Ein Fremdkörper, sprich, irgendein mitgefressener Nagel oder Draht hat sich durch den Magen gebohrt.“, erklärte ich.

„Heißt das Operation?“, fragte Melissa verschreckt.

„I wo“, lachte ich, „da machen wir eine konservative Behandlung und in ein paar Tagen ist Gusti wieder ganz die Alte. Eine Penicillinspritze gegen die Bakterien im Bauchraum, zweiundsiebzig Stunden lang aushungern und die Vorderbeine so hochstellen, dass die Schultern mindestens zwanzig Zentimeter höher als die Schwanzwurzel sind.“

Nachdem Gusti verarztet war, lud mich Melissa noch auf ein Stamperl Enzian ein. Als wir den Küchenraum mit dem gemauerten Herd betraten, saß der Friedl breit auf der Rundbank und hatte sich bereits selbst bedient.

„Alles klar, Doktor?“ feixte er verlegen.

„So weit schon. Wir werden die Gusti durchbringen!“

„Bin ich froh“, brummte er und schenkte sich großzügig nach, „der Alte wäre sonst mindestens eine Woche ungenießbar.“

Ich kippte den Schnaps hinunter und fragte den Friedl, nachdem er keine Anstalten zum Aufbruch machte: „Wollen Sie nicht mit mir hinunterfahren?“

Jetzt setzte er wieder sein verlegenes Lächeln auf. „Nein, vielen Dank! Ich, ich helf' hier noch ein bisschen beim Einräumen. Es genügt, wenn Sie, sobald Sie wieder am Telefon Empfang haben, den Hias anrufen, er soll mich dann abholen und einen Kanister Diesel mitnehmen!“

Es war ihm anzumerken, dass es ihn nicht so rasch wieder nach Hause zog.

„Ist gut“, antwortete ich schmunzelnd, „dann also auf Wiederschauen.“

Normalerweise wölbte sich in klaren Nächten ein glitzernder Sternenhimmel über der Stranzlalm und die Felswände vom „Steinernen Meer“ glänzten im Mondlicht. Aber die Wetterfrösche, die einen überraschenden Wintereinbruch vorausgesagt hatten, durften Recht behalten, eine tiefe Wolkendecke überzog das Gebirge und die ersten Flocken begannen im Scheinwerferlicht zu tanzen.

Als ich am abgestellten Pick-Up vom Stranzlgut vorbeikam, war der schon leicht angezuckert. Einige hundert Meter weiter unten hätte ich wieder telefonieren können, wie mir die Anzeige signalisierte, aber der Schneefall hatte den Weg ins Tal auch nicht einfacher gemacht. Ergo brauchte ich beide Hände zum Lenken und verschob den Anruf beim Hias auf später.

Gerade, als ich mich wieder auf sicherem Untergrund befand, läutete das Telefon. Karin war dran und teilte mir mit, dass beim Großbacher eine Kuh seit zwei Stunden Milchfieber hatte.

„Das fällt ihm nicht früher ein", schnauzte ich.

„Ich hab' Dich eh' schon mehrmals angerufen, aber da war keine Netzverbindung!"

„Natürlich nicht! Weil auf der Stranzlalm nichts geht!"

Himmelarschundzwirn! Der Großbachhof lag genau in der entgegengesetzten Richtung, in die ich wollte. Dabei hatte ich mich schon auf einen abendlichen Whisky und ein Gute-Nacht-Pfeifchen gefreut.

Die schwarzbunte Kuh war schon ein älteres Semester und konnte sich vor lauter Schwanken – Milchfieber ist eine fortschreitende Lähmung nach der Geburt, verursacht durch Kalziummangel – kaum mehr auf den Beinen halten, war aber doch noch soweit vital, dass sie sich unter heftigen Abwehrbewegungen ein paar Mal die Infusionskanüle herausriss. Schwarzbunte Rinder besitzen feinere Halsvenen als andere Rassen und bekommen sofort ein Hämatom an der Stelle, wenn die Kanüle gewaltsam entfernt wird und die Gefäßstauung per Kette noch besteht. Ich fluchte und punktierte die Vene etwas weiter oberhalb, aber kaum begann das Kalzium wieder zu fließen, zack, hatte sie die Nadel mit einer Halsdrehung um die Längsachse erneut abgeschüttelt.

„Sie müssen das Mistvieh fester mit der Nasenzange packen", herrschte ich den Großbacher an. „Noch einmal krieg ich die Ader nicht!"

„Versuche ich eh! Aber das Luder ist so stark und hat keine Hörner, damit man sie daran festbinden kann!"

Zum Glück hat jede Kuh zwei Seiten und endlich war der Flascheninhalt in ihr drinnen. Sie stand jetzt auch schon viel sicherer, deshalb verpasste ich ihr die zweite Flasche, die sie aufgrund ihrer Körpermasse brauchte, subcutan.

Als ich den Großbachhof verließ, war ich schweißgebadet. Noch dazu hatte der angekündigte Schneefall bereits dicht eingesetzt. Obwohl ich das Fernlicht wohlweislich nicht benutzte, hatte ich das Gefühl, gegen eine weiße Wand zu fahren. Gott sei Dank war die Straße leer, nur aus der Ferne hörte ich das Rumpeln eines Schneepfluges.

Es war mittlerweile zwanzig nach zehn, deshalb verzichtete ich nach meiner Heimkehr auf das Gute-Nacht-Pfeifchen, auf den Schlummer-Whisky jedoch nicht, riskierte noch einen Blick in die Zeitung und ging schlafen.

Mitten in der Nacht saß ich aufrecht im Bett! Verflucht und zugenäht, ich hatte doch glatt vergessen, den Hias anzurufen! Jetzt saß der Friedl dort oben ganz sicher in einer Schneehölle fest. Weil auf der Höhe, auf der die Stranzlalm lag, hatte es bestimmt das Dreifache geschneit wie herunten im Tal.

Um sechs Uhr früh hielt es mich nicht länger in den Federn. Da die Bergbahnleute gewöhnlich zeitig anfingen, musste der Hias bereits wach sein.

So war es auch. Aber als ich ihm meinen Fehler gestand, lachte er bloß: „Keine Chance, da rauf zu kommen, Herr Doktor! Dort oben liegen sicher schon vierzig Zentimeter und es schneit ja immer noch. Der Friedl wird sich wohl ein paar Tage freinehmen müssen!"

„Verdammt, ist mir das peinlich", stöhnte ich.

„Braucht es nicht. Fressalien hat er ja genug angeliefert, Gesellschaft ist auch vorhanden und soweit ich mich erinnere, liegt in der Tischlade ein Paket Schnapskarten!"

Der Hias sollte Recht behalten. Obwohl das Wetter am darauffolgenden Tag aufklarte und die Sonne wieder ihre Kraft entfaltete, dauerte es bis zum Wochenende, dass die Stranzlalm erreichbar wurde.

Allerdings hatte der Wettersturz auch noch ein weiteres Elementarereignis zur Folge gehabt.

Denn sobald der Friedl wieder daheim war, erklärte er dem alten Stranzl, dass er sich mit der Melissa verlobt hatte. Punkt, aus und Schluss!

Und die Schnapskarten dürften auch die meiste Zeit in der Tischlade ein unbeachtetes Dasein gefristet haben, denn bald darauf stellte sich heraus, dass die Melissa schwanger war.

Alle waren glücklich und zufrieden, nur der alte Stranzl nicht ganz.

Als ich einige Wochen später mit ihm auf der Post zusammenstieß, pflanzte er sich vor mir auf und stieß mir den Zeigefinger in den Solar Plexus: „Hören Sie, das mit dem vergessenen Anruf beim Hias haben Sie doch absichtlich gemacht, Herr Doktor! Seien Sie ehrlich!“

Geiz ist geil

„Das ist schon das Vierte", maulte der Zapferl, „ich hab's Ihnen mitgebracht!"

Er hockte auf einem uralten und rostzerfressenen Steyr-Waffenrad vor meinem offenen Garagentor und hatte ein totes Lamm hinter sich auf den Gepäckträger geschnallt wie ein Kopfgeldjäger in den einschlägigen Wildwestfilmen die Leiche eines steckbrieflich Gesuchten quer über das Pferd.

Eigentlich hieß er mit bürgerlichem Namen Martin Lobinger und sein Anwesen Wassergrube, aber im Ort wurde er nur „der Zapferl" genannt, weil er sich beständig in den Wäldern herumtrieb um Tannen-, Fichten- und andere Zapfen zu sammeln, mit denen er daheim Herd und Ofen befeuerte.

Der Zapferl war nämlich ein Knauserer der ganz besonderen Art. Ich, und wie ich glaube, kein anderer Mensch hatte ihn je anders gesehen als in seiner dunkelgrünen Lodenhose, seinem roten Pullover und seiner ebenso roten Zipfelhaube, die sich mit dem Pullover ein ebenso heftiges wie farbliches Duell lieferte. Darin wirkte er wie ein zu groß ausgefallener Gartenzwerg.

Wie er jetzt unversehens vor meiner Haustüre auftauchte, wusste ich, dass er lieber einige Male den Weg mit dem Rad vergebens machte, als anzurufen. Telefonate kosten immerhin Geld.

In diesem Fall war ihm, im Gegensatz zu mir, das Glück hold. Ich hatte nämlich zufällig in der Praxis vorbeigeschaut, um mir einen Medikamentenvorrat, der mir unterwegs ausgegangen war, aufzufüllen. Die Schisaison war so gut wie beendet, dafür hatte die Rindergrippe Hochsaison.

„Ja", nickte ich, weil ich die Hände voll Medikamentenflaschen hatte, „und was soll ich damit?"

„Ich habe mir gedacht, Sie wollen es sich einmal anschauen!"

Ich musterte den Kadaver: „Tu ich ja, aber ich fürchte, vom Schauen werden wir nicht sehr viel gescheiter. Was haben die Lämmer denn für Symptome vorher gezeigt?"

„Na eigentlich waren sie immer munter. Und plötzlich sind sie so steif geworden, haben aufgehört zu fressen und sind dann liegengeblieben. Dabei haben sie dann *Zähnt krantschlt*. Und immer nur die Böcke. Nie eine Arn!"

Arn, so werden bei uns die weiblichen Schafe, gleich welchen Alters, genannt. Und mit *Zähntkrantscheln* meint man Zähneknirschen, also eine Schmerzäußerung.

„Hm, steif sagen Sie?" Das klang nach einer Muskelerkrankung oder neurologischen Ursache.

Natürlich gibt es die Weißfleischigkeit, einen Vitamin-E- und Selenmangel, der sogar ziemlich verbreitet ist, aber dafür waren mir die Lämmer eigentlich schon zu alt. Und dass es ausgerechnet nur männliche Tiere betraf, schien mir auch nicht gerade logisch.

„Kriegen die Böcke ein anderes Futter als die weiblichen?"

Das wäre einigermaßen plausibel, wenn es sich um ein Mastfutter handeln würde, damit eine schnellere Gewichtszunahme erreicht wird.

„Die kriegen alle dasselbe!"

Ich verwarf den Gedanken wieder. Ich hatte nämlich kurz einen Kupfermangel überlegt, der bei Lämmern die so genannte enzootische Ataxie, oder, weil heutzutage alles auf Englisch heißen musste, auch swayback genannt wird. Aber die geschilderten Erscheinungen passten ohnehin nicht dazu. Ataxien sind zwar Bewegungsstörungen, die zum Festliegen führen können, jedoch beim Kupfermangel handelt es sich immer um schlaffe Lähmungen und der Zapferl hatte ja von einer Steifheit gesprochen.

„Tja, dann werden Sie das Exemplar wohl oder übel in die TKV schicken müssen, dort wird es seziert und Probenmaterial entnommen und an ein Pathologielabor geschickt. Vielleicht finden die dort etwas raus. Ich schreibe Ihnen einen Sektionsauftrag."

Wenn ich geglaubt hatte, mit dem Vorschlag elegant davonzukommen, sah ich mich getäuscht. Der Zapferl sah mich an, als hätte ich persönlich das Lamm umgebracht: „Das kostet ja was!"

„Natürlich", knurrte ich, weil mir langsam die Finger, die die Medikamentenflaschen umklammerten, einschliefen.

„Ich habe mir gedacht, Sie sind billiger. Noch dazu, wo ich Ihnen das Tier direkt vor die Haustür geliefert habe."

Ich wusste nicht, sollte ich jetzt lachen oder weinen. Oder aus der Haut fahren. Weil wenn der Zapferl, was in der Gemeinde allgemein bekannt war, mit etwas ausnahmsweise nicht geizte, dann war es die Zeit eines anderen.

Ich stellte erst einmal die Medikamentenflaschen ab, ehe sie mir aus den verkrampften Fingern rutschen und auf den Steinboden knallen konnten. Dann untersuchte ich mehr alibihalber den Kadaver, nicht wegen dem Zapferl, sondern weil mir seine noch gesunden Lämmer leid taten. Rein äußerlich war natürlich nichts festzustellen. Gerade wollte ich ihm das mitteilen, als mir doch der winzige Hodensack auffiel. Viel zu klein und verschrumpelt für ein Tier dieses Alters. Als ich ihn durchtastete, entdeckte ich, schon tief in die Haut eingeschnitten, einen Gummiring. In mir keimte ein fürchterlicher Verdacht auf.

„Da ist ja ein Gummiband!"

„Ja", meinte der Zapferl ungerührt, „damit kastriere ich die Viecher!"

Jetzt war die Sache natürlich sonnenklar. Schafe gehören neben Pferden zu den Tierarten, die gegen Wundstarrkrampf hochempfindlich sind, während zum Beispiel Rinder weniger davon betroffen sind und Hunde und Katzen sowieso nicht. Und da der Zapferl, wie ich wusste, aus Sparsamkeitsgründen keine Einstreu aus Stroh, sondern aus Blättern, die er im Wald zusammenkehrte und die mit Erdreich verschmutzt waren, verwendete, hatten Sporen des *Clostridium tetani* die gequetschten Hautstellen durchdrungen.

„Ihre Lämmer sind an Tetanus gestorben! Und übrigens ist das ‚Ringeln' grobe Tierquälerei und schon lange verboten!"

„Aber was! Das spüren die doch überhaupt nicht!"

In mir stieg die Wut auf: „Ah so? Dann probieren wir das doch gleich hier und jetzt an Ihnen aus! Bin gespannt, ob Sie nach ein paar Tagen noch immer derselben Meinung sind", schnaubte ich, obwohl ich nicht das mindeste Interesse hatte, mit dem Unterleib vom Zapferl in Berührung zu kommen. Allerdings, da war ich mir ziemlich sicher, dass er das Angebot nicht annehmen würde. „Für Leute, die in ihrer Sparsamkeit (den Begriff Geiz schluckte ich hinunter) Tiere leiden lassen, habe ich nicht das geringste Verständnis!" Meine Heftigkeit schien ihn tatsächlich einzuschüchtern, denn jetzt wurde er kleinlaut: „Sie werden mich doch nicht am Ende anzeigen?"

„In dem Fall mache ich noch eine letzte Ausnahme. Den bisherigen Lämmern würde es nicht mehr helfen und den Schaden haben Sie ja ohnehin, aber ich warne Sie. Ein Bock noch mit einem Gummiring und ich schicke Ihnen den Amtstierarzt ins Haus! Und sollten Sie daheim noch ein paar haben, dann rate ich Ihnen, das Ding augenblicklich zu entfernen. Ich werde das kontrollieren kommen! Bis dahin arrivederci!"

Der Zapferl zog den Kopf ein: „Soll ich Ihnen das Lamm da lassen?" Offensichtlich hatte er Angst, für die Entsorgung zahlen zu müssen.

„Unterstehen Sie sich!"

Während er eilig davonradelte, hob ich wieder die Medikamentenflaschen zu meinen Füßen auf. Dabei entglitt mir doch eine und zerplatzte auf dem Boden. Irgendwie war mir der Zapferl mittlerweile höchst unsympathisch geworden und ich hatte sogar eine Erklärung dafür.

Daran änderte sich auch nichts, als ich nach einiger Zeit beim Heimkommen einen Zettel bemerkte, der halb aus dem Briefkasten ragte. Darauf stand: „Bite in die Wassergrube komen!" Offenbar ging der Zapferl sogar mit Buchstaben sparsam um.

Die Wassergrube trug ihren Namen nicht zu Unrecht. Das Anwesen lag in einer feuchten Senke neben einem Bach und besaß ein überaus schattiges Ambiente. Im Winter ließ sich dort unter Garantie drei Monate lang kein Sonnenstrahl blicken. Und auch jetzt im späten Frühjahr bestand noch keine Gefahr für einen Sonnenbrand. Kein Wunder, dass der Zapferl Umschau nach billigem Heizmaterial hielt.

„Was gibt es denn?", fragte ich, als er auf mein Hupen hinauf wie ein Waldschrat hinter dem Stall auftauchte.

„Mein Widder", gab er zurück, „er ist krump!"

Also eine Lahmheit.

„Und wie lange schon?" Beim Zapferl musste man in Wochen rechnen.

„Schon eine Weile. Aber es wird nicht besser. Dabei habe ich ihn eh jeden Tag eingeschmiert!"

„Dann schau'n wir uns die Sache einmal an."

Im Stall herrschte ebenfalls eine unangenehme Feuchtigkeit. Zwischen den Schafen und ihren Lämmern stand der Widder, allerdings nur auf drei Beinen.

Der Zapferl fing das Tier mit einer geschickten Bewegung und hielt es an der Wolle fest, damit ich es untersuchen konnte.

Mein lieber Schwan. Das linke Vorderbein war kein Bein mehr, sondern ein dicker Prügel.

„Herrgott nochmal", fluchte ich, „so lange zu warten."

Als ich die Klauen mit der Zange abdrückte, zuckte der Widder an einer bestimmten Stelle. Mit dem Hufmesser kratzte ich den zähen Dreck aus den Klauen und stieß auf ein blinkendes Etwas. Der metallische Klang verriet, dass es sich um einen Nagel handelte.

„Da hilft kein Einschmieren", fauchte ich, „Nachschauen wäre besser gewesen! Das arme Vieh!"

Mit einer anderen Zange zog ich den Nagel, an dem stinkender Eiter haftete, heraus und schnippte ihn außerhalb des Gatters in eine offene Schmieröldose, die anscheinend als Abfalleimer diente.

„Nicht!", rief der Zapferl, ließ den Widder aus, der davonhumpelte, und stürzte sich auf die Dose. „So einen Nagel kann man doch noch verwenden!"

Ich schüttelte nur den Kopf. Da hatte einer einen Zuchtbock mit einem veritablen Fußproblem und rannte einem alten Nagel nach.

Als der Zapferl den Widder wieder am Krawattl gepackt hatte, beobachtete er missmutig, wie ich dem Bock mehrere Injektionen gab: „So viele Spritzen! Ist das denn nötig?"

„Sehr wohl! Ein Antibiotikum, ein Mittel gegen die Entzündung und ein Antitetanusserum. Wir wollen doch nicht, dass es einen weiteren Fall von Wundstarrkrampf gibt, oder?"

Das wollte der Zapferl natürlich nicht, aber als es zum Zahlen ging, maulte er: „Ein teurer Nagel!"

„Ja", sagte ich, „an der Wand wäre er bedeutend billiger gewesen!"

Aber trotzdem sich der Zapferl nur höchst widerwillig von seinem Geld getrennt hatte, musste ich bald erneut hinauf zur Wassergrube.

Schon wieder gab es Verluste unter seinen Lämmern. Diesmal betraf es erst wenige Tage alte Jungtiere. Bei meinem Eintreffen erkannte ich sofort, dass ich für zwei nichts mehr tun konnte, sie lagen bereits im Sterben. Ihre Hinterteile waren mit Kot verschmiert, die Augen starr und eingesunken und die Atmung nur mehr oberflächlich.

Ein drittes schien noch einigermaßen am Leben zu sein, obwohl es auch nicht mehr aufstehen konnte und traurig im klammen Stroh lag.

„Durchfall", sagte ich.

„Das sehe ich auch! Dafür hätten Sie nicht den teuren Weg hierher zu machen brauchen!“ Der alte Filz nahm mir die Berechnung vom letzten Mal anscheinend noch immer übel.

Ich würdigte ihn keines Blickes, sondern hockte mich neben das Lamm und untersuchte es. Gut waren die Aussichten keineswegs.

„Seit wann hatten die Tiere diesen Durchfall?“

„Muss so gleich nach der Geburt angefangen haben!“

„Und da warten Sie tagelang zu?“ Ich spürte, wie der Ärger in mir hinaufkroch. Manche Tierbesitzer kapierten es einfach nicht, dass wenige Tage alte Jungtiere zu den Säuglingen zählten, auch wenn ihr Geburtsgewicht über dem von Menschenbabys lag.

„Hab sie eh behandelt!“

„Ach ja? Womit denn?“

„Mit Ballistol!“

Ballistol, Ballistol! Den Namen hatte ich schon gehört. Irgendwo in meinem Hinterkopf regte sich etwas, dann fiel es mir wie Schuppen von den Augen: „Ballistol! Das ist doch ein Waffenöl?“

„Na ja, nicht nur!“

Ich explodierte: „Sind Sie verrückt? Sie können doch Säuglingen bei Durchfall kein Waffenöl eingeben. Der Darm ist doch kein Gewehrlauf, auch wenn der flüssige Kot nur so herausschießt!“

„Den Tipp hat mir mal ein alter Jäger verraten. Soll stopfen!“

Aus meinem Ärger wurde regelrechter Hass. Hat doch der elende Knicker aus lauter Sparsamkeit seine Lämmer zusätzlich mit Waffenöl vergiftet.

Damit standen die Chancen für das dritte Lamm noch schlechter, als sie ohnehin waren. Trotzdem versuchte ich eine Infusion mit Traubenzucker und Elektrolytlösung und verordnete die Gabe von Tierkohle, um die Giftigkeit des Öls aufzufangen.

„Morgen sagen Sie mir Bescheid“, befahl ich. „Falls die Behandlung überhaupt anschlagen sollte, braucht es garantiert eine weitere.“

In meiner Wut verweigerte ich dem elenden Knicker gegen meine sonstige Gewohnheit die Hand, weil ich sie ihm am liebsten woandershin platziert hätte.

Natürlich erfolgte am nächsten Tag kein Anruf. Wahrscheinlich war das Lamm gestorben und der notige (auf dem Land ein gebräuchlicher Ausdruck für geiziger) Halunke schenkte sich die Telefonkosten.

Aber da ich sowieso in der Nähe zu tun hatte, beschloss ich, bei der Wassergrube vorbeizuschauen. Vielleicht hatte das Tier doch überlebt und dann wäre es fahrlässig, eine Nachbehandlung zu unterlassen. Unterwegs fasste ich den Plan, mit dem Amtstierarzt zu reden, ob gegen den Zapferl wegen wiederholter Vernachlässigung seiner Tiere nicht ein Haltungsverbot ausgesprochen werden könnte.

Als ich auf dem Gütl eintraf, registrierte ich zu meinem Erstaunen, dass ein Pritschenwagen davor parkte. Wer konnte das sein? Der Zapferl hatte sich sein Lebtag lang noch keinen Autoreifen geleistet, von einem ganzen Auto überhaupt zu schweigen.

Ich betrat den Stall und erspähte im Halbdunkel eine Gestalt, die mit der Mistgabel hantierte.

„Hallo“, rief ich. Die Person drehte sich um und ich erkannte den Windbichler, einen Nachbarn.

„Ja, der Herr Doktor! Was tun Sie hier?“

„Ich will nach dem Lamm von gestern sehen. Was ist mit ihm?“

„Tot!“

Ich nickte. Das kam nicht ganz überraschend. „Und was tun Sie hier?“

„Ich versorge dem Zapferl seine Tiere, solange der im Spital ist. Ein schöner Saustall, den er hat.“

„Der Zapferl im Spital? Was ist denn passiert? Gestern Vormittag war er noch putzmunter.“

„Schon, aber wie er dann mit seinem Radl hinunter auf den Markt gefahren ist, ist ihm in einer Kurve die vordere Gabel gebrochen und es hat ihn gegen einen Baum gebirnt. Ich habe ihn ja schon öfters gewarnt, dass bei der alten Rostlaube irgendwann etwas in die Binsen gehen wird und er sich ein neues Gefährt kaufen soll. Aber Sie kennen ihn ja. Bevor der einen Euro ausgibt, fällt eher der Plafond runter!“

So so, jetzt ist der Zapferl einmal selbst Opfer seiner Knauserei geworden. Es gehört sich ja nicht, aber irgendwie vergönnte ich es ihm.

Als ich ihn Wochen später im Ort sah, hinkte er noch immer wie damals sein Widder. Obwohl ich ansonsten nicht zur Schadenfreude neige, konnte ich mir nicht verkneifen, innerlich zu grinsen. Manchmal ist Geiz wirklich geil!

Beweis mit Biss

Oft wird ja behauptet, auf die Länge kommt es an. Andererseits stößt man wieder auf die Meinung, dies sei hinsichtlich gewisser Eigenschaften nicht ausschlaggebend. Ich weiß zumindest von einem Fall, auf den das jedoch durchaus zutraf.

Für einen der linken 68er-Generation war der Fröschl zu jung und die Hippiebewegung kannte er auch nur mehr vom Hörensagen. Trotzdem war es immer ein bisschen wie Woodstock, wenn ich zu ihm auf den Hof kam. Er hatte an der Trägerschnalle seiner blauen Latzhose stets eine Blume stecken, trug bunte Hemden und lange Haare, die er während der Arbeitszeit unter einem Haarnetz verbarg. Überall hingen indianische Traumfänger und Windspiele aus Bambus oder Muschelschalen herum, die esoterisch anmutende Klänge verbreiteten.

Eigentlich war sein Hof kein Bauernhof, sondern mehr eine genetische Arche Noah, weil er hauptsächlich gefährdete Rassen von den verschiedensten Tierarten hielt. So tummelten sich neben einigen Tiroler Sprinzen auch einige Stücke Waldviertler Blondvieh, zwei Zupoljeschweine, ein paar braune Bergschafe, vier Pinzgauer Ziegen und jede Menge Sulmtaler Hühner herum. Gewiss kassierte er dafür Förderungen, wie er jedoch davon leben konnte, war mir hingegen schleierhaft. Aber vielleicht baute er zusätzlich noch etwas Hanf hinter dem Misthaufen an.

Wenn er mit der Arbeit fertig war, nahm er seine Gitarre, hockte sich zwischen die Herde und spielte oder sang Eigenkompositionen. „Das entspannt die Tiere und stärkt ihr Immunsystem", erklärte er mir.

Also von mir konnte ich das nicht behaupten, als ich einmal in den Genuss so einer Darbietung kam, aber er tat dies fallweise auch draußen auf der Streuobstwiese vor seinen Obstbäumen und seinen Äpfeln und Birnen, selbstverständlich ebenfalls alte Sorten, und die gediehen prächtig. Der Fröschl brannte das Obst jedoch nicht, wie es die meisten unserer Bauern pflegten, sondern machte Fruchtsäfte daraus, die er zusammen mit dem Eigenbauhonig und einem kernigen Bauernbrot sowie abstrakten Schnitzereien im kleinen Hofladen feilbot.

Ja, und da war natürlich auch Bauz!

Eine Mischung aus Neufundländer und etwas, das auch nicht viel kleiner als ein Braunbär gewesen sein konnte. Bauz begleitete sein Herrchen auf Schritt und Tritt und war einer der liebenswertesten Hunde, die ich kannte. Trotz seiner acht Jahre war er noch immer so verschmust wie ein Jungspund, und wenn ich mich zu ihm hockte und sein wuscheliges Fell kraulte, klopfte sein Schwanz heftig auf den Boden, sodass wir beide in einer Staubwolke endeten.

Ich fand, er passte vom Wesen her hervorragend zum Fröschl. Friedfertig und staubig.

Als er mich neulich anrief, jammerte er nicht herum, sondern sagte nur: „Ich möchte, dass Sie sich das einmal anschauen."

Sobald ich vor dem Stall anhielt, führte er mich zu einem Sprinzenkalb und deutete auf dessen Hinterteil: „Kein After. Vor drei Tagen zur Welt gekommen und ich habe mich schon gewundert, dass ich nie einen Mist gesehen habe. Und seit gestern ist mir aufgefallen, dass es keine rechte Sauglust mehr hat, sich dafür immer wieder streckt oder durchbiegt."

Ich hob den Schwanz in die Höhe und nahm den Kälberallerwertesten in Augenschein: *„Atresia ani"*, nickte ich, „eine Missbildung des Enddarms."

„Da kann man nichts machen, oder? Das Kalb ist ein Todeskandidat, aber ich wollte zuerst Ihre Meinung hören, bevor ich es erlöse."

Ich kratzte mich am Bart: „Nicht so vorschnell mit den jungen Pferden! Ich habe schon solche Kälber operiert mit gar keinem schlechten Erfolg. Schauen Sie genau hin, dann sehen Sie, wie sich die Stelle, an der sich die Öffnung befinden sollte, nach außen vorwölbt. Das bedeutet, dass der Darmkanal bis ganz nach hinten geht, wo sich der Kot staut, und nur der Anus nicht vorhanden ist. Wenn hingegen keine Vorwölbung besteht, heißt das, dass der Darm weiter vorne endet und da ist die Prognose denkbar schlecht. In dem speziellen Fall könnte man aber einen künstlichen Ausgang schaffen."

Der Fröschl holte tief Luft und seufzte erleichtert: „Wunderbar. Probieren wir's halt!"

Ich legte das Kalb in eine leichte Allgemeinnarkose, bettete es auf einen Strohballen, dass das Hinterteil hoch aufragte und umspritzte das Operationsfeld mit reichlich Lokalanästhetikum. Dann setzte ich mit dem Skalpell einen vorsichtigen Einschnitt am erhabensten Punkt und erweiterte das Loch mit dem Finger. Als ich ihn herauszog, klebte das zähe braune Mekonium, der Neugeborenenkot, am Handschuh. Im Schützenverein hätte das geheißen: mitten ins Schwarze!

Mit einer gebogenen Nadel erfasste ich die Darmschleimhaut, die tatsächlich unmittelbar hinter dem Perineum endete, und vernähte sie mit der Muskelschicht der neu geschaffenen Öffnung. Das wiederholte ich noch mehrmals in allen Uhrzeigerrichtungen, spritzte dem Kalb noch ein Antibiotikum und einen Entzündungshemmer und richtete mich ächzend auf: „So, das hätten wir. In zehn Tagen komme ich wieder, um die Nähte zu zupfen. Den Schließmuskel habe ich natürlich nicht ersetzen können, was bedeutet, dass der Kot immer willkürlich austreten wird."

„Das macht gar nichts. Hauptsache, ich muss das arme Tier nicht töten." Der Fröschl freute sich wie ein Schneekönig und Bauz, der die Operation neugierig verfolgt hatte, freute sich ohnehin über alles, wie sein Schwanz bewies.

Als ich nach zehn Tagen am Fröschlhof vorfuhr, kam der Bauer mir strahlend entgegen:

Ein ermunterndes Zeichen.

„Wie geht's dem Kalb?", fragte ich fröhlich.

„Ganz prima!" Der Fröschl grinste und posaunte seine Lebensphilosophie heraus: „Sie haben alle Arschlöcher auf dieser Welt um eines vermehrt!"

Ich grinste zurück: „Aber dieses Eine ist wenigstens nützlich!"

Im März des darauffolgenden Jahres grinste der Fröschl nicht mehr. Er stand mit einer derartigen Leichenbittermine im Warteraum, dass ich erschrak. Nur Bauz, den er an der Leine führte, verbreitete gute Laune.

„Ja um Himmels Willen, was ist denn los?"

„Da!" Er hielt mir ein Schreiben der Polizei entgegen. Darin stand, dass Herr Martin Meixner, so hieß der Fröschl mit bürgerlichem Namen, aufgrund einer Hundebissattacke an Frau Walpurga Buchinger ehebaldigst das Tier der gesetzlich vorgeschriebenen Tollwutuntersuchung zuzuführen hätte.

„Die Frau ist mit ihrem freilaufenden Hund einfach über unser Hofgelände spaziert und der Kläffer hat plötzlich Bauz angefallen. Ich habe das Ganze selbst beobachtet. Der hat natürlich reagiert, aber nicht bösartig, sondern mit seinen Pranken den Köter zu Boden gedrückt, woraufhin der fürchterlich zu winseln angefangen hat.

Und da ist diese Frau Buchinger hin, um ihren Hund zu befreien, und dabei soll Bauz sie in den Arm gebissen haben. Der Unterarm hat wirklich übel ausgeschaut. Und jetzt habe ich die Anzeige vom Krankenhaus und ihr Rechtanwalt hat mir auch schon geschrieben, dass sie mich auf Schmerzensgeld verklagen wird."

„Das ist natürlich ein ausgemachter Unsinn", rief ich empört, „bevor Bauz in die Versuchung kommt, irgendwen zu beißen, lässt er sich lieber alle Zähne ziehen!"

Frau Buchinger, eine Steuerberaterin in Pension, und ihr weißer Spitzrüde namens Rolf waren mir nämlich ein Begriff. Jedes Mal, wenn sie früher zu mir gekommen war, um dem Hund die

Analdrüsen ausdrücken zu lassen, war ein Beißkorb nötig, weil das hysterische Vieh sonst sogar nach seiner Besitzerin geschnappt hätte. Und sogar das Beißkorbanlegen war schon eine lebensgefährliche Angelegenheit.

Ich war daher der festen Überzeugung, dass es ihr eigener Hund war, der sie in seiner Panik verletzt hatte. Aber die Behörde konnte das natürlich nicht wissen.

„Also komm her, du tollwütiger *Latsch* (ein lokaler Ausdruck für einen gutmütigen Tölpel)", sagte ich und ließ mich neben Bauz nieder. Der legte sein schweres Maul auf meine Schulter und begann zu fiepen wie ein Welpe.

Nach einem kurzen klinischen und neurologischen Untersuchungsgang setzte ich mich an den Schreibtisch und füllte das Attest aus. Die vorläufige Diagnose „Kein Tollwutverdacht" unterstrich ich zwei Mal.

„So, das tragen Sie zum Polizeiposten und in einer guten Woche bringen Sie Bauz noch einmal vorbei zu einer abschließenden Untersuchung!"

Als Bauz davon wackelte, sogar sein Hinterteil vermittelte einen gutmütigen Eindruck, dachte ich: Diese Buchinger, typisch für sie.

Als der Fröschl nach sieben Tagen wieder erschien, war Bauz so munter wie eh und je, was keine große Überraschung darstellte. Tollwut! Einfach lächerlich!

Aber den Fröschl stimmte das Endergebnis der Untersuchung merkwürdigerweise keinesfalls heiter, weil er mit düsterer Miene verkündete: „Jetzt werden wir Bauz wohl einschläfern müssen."

Ich fuhr wie von der Tarantel gestochen aus dem Schreibtischsessel hoch: „Wie bitte? Wie kommen Sie auf diese abstruse Idee?"

Der Fröschl zuckte verlegen die Schultern: „Na ja, weil es doch heißt, sobald ein Hund zu beißen angefangen hat, tut er es immer wieder. Und Sabine, meine Lebensgefährtin, erwartet in den nächsten Wochen unser Kind. Und da hat sie Angst, dass Bauz dem Baby was zuleide tun könnte!"

„Hören Sie auf, so einen Unsinn zu erzählen! Bauz hat noch keiner Fliege was zuleide getan. Ich kenne der Buchinger ihren Köter!"

Einige Zeit später teilte mir der Fröschl mit, dass er die Ladung zur Gerichtsverhandlung erhalten und mich als Zeugen benannt habe, um auszusagen, dass Bauz ein friedfertiger Hund wäre. Sein Rechtsanwalt, ein Doktor Heinrich hätte gemeint, das könne jedenfalls nicht schaden.

„Schaden nicht, aber ob es etwas nützen wird, steht in den Sternen. Immerhin kann man mir unterstellen, dass ich als Ihr Hoftierarzt diesbezüglich nicht neutral wäre!"

Ich hatte schon einmal einen ähnlichen Fall erlebt, bei dem das Kind eines Spaziergängerehepaares in die Hundehütte des Hofhundes gekrochen war, woraufhin dieser leicht zugezwickt hatte. Überhaupt nicht dramatisch, aber trotzdem wurde meiner Aussage, dass der Hund berechtigterweise erschreckt wurde und ansonsten überaus harmlos war, aus genau diesem Argument vom

Richter keine große Bedeutung zugemessen. Der Bauer wurde damals verurteilt.

Ich fürchtete, dass es diesmal nicht anders ablaufen würde.

Am Abend saß ich bei einem Glas Whisky und einer Pfeife vor dem Fernseher, konnte mich aber nicht recht auf das Geschehen am Bildschirm konzentrieren, weil mich die Sache mit Bauz beschäftigte. Außerdem hatte ich eine Stinkwut auf die Buchinger, die aus dem Vorfall noch Kapital schlagen wollte.

Whisky kommt aus dem Gälischen, wo er *ischke baha* ausgesprochen wird, was so viel wie „Wasser des Lebens" bedeutete.

Und plötzlich kam Leben in mich. Obwohl es schon nach neun Uhr war, rief ich den Fröschl an: „Können Sie Ihren Anwalt veranlassen, dass er sich das ärztliche Behandlungsprotokoll besorgt bzw. den oder die ärztliche Person vorlädt?" Ich erläuterte ihm kurz meine Idee.

Dann stöberte ich in der Schublade unseres Biedermeierkastens, wo Karin ihren Schmuck aufbewahrte, herum. Ein längliches Etui, das das antike Erbstück von einer ebenso antiken Urstrumpftante in Gestalt einer goldenen Armbanduhr enthielt, stach mir ins Auge.

Am nächsten Tag fuhr ich zum Fröschlhof. An Bord hatte ich das Etui, welches ich, ohne es Karin zu beichten, in seine zwei Hälften gebrochen hatte, und ein Säckchen mit Gips.

Der Fröschl erwartete mich schon und wie immer an seiner Seite schwanzwedelnd Bauz.

Ich schüttete ein wenig Gipspulver in beide Etuischalen, rührte etwas Wasser darunter und wartete, bis sich das Gemisch in einen zähen Brei verwandelte. Dann bat ich den Fröschl, Bauz das Maul zu öffnen, und drückte sowohl sein vorderes Oberkiefer- als auch das Unterkiefergebiss in die Masse, wobei ich darauf achtete, dass sich besonders die Fangzähne gut abbildeten. Man kannte es ihm an, dass er schon Schmackhafteres zwischen den Zähnen, jedenfalls von mir, gehabt hatte, aber da musste der alte Bursche durch. Beißen tat er mich jedenfalls nicht.

Ich ließ den Gips aushärten und überreichte die Abdrücke dem Fröschl. „Besser hätte es ein Zahnarzt auch nicht geschafft. Das lassen Sie jetzt Ihrem Anwalt zukommen!"

Am Verhandlungstag musste ich mich gehörig sputen, um rechtzeitig am Bezirksgericht zu sein. Halb elf am Vormittag. Ein dämlicher Termin für einen Tierarzt!

Der winzige Saal, ein besseres Zimmer, war ziemlich stickig, aber ich glaubte, dass der Fröschl auch so geschwitzt hätte. Sein Anwalt, der Heinrich, saß dagegen völlig entspannt daneben und musterte den Plafond, als gäbe es dort Interessantes zu entdecken.

Gegenüber hatten Frau Buchinger und deren Rechtsvertreter, ein Magister Strolz, Platz genommen. In seinem blauen Anzug und mit den Kopfschuppen auf dem Revers schaute er ein bisschen wie das amerikanische Sternenbanner aus. Er schilderte das Ereignis in drastischen Bildern, dass Bauz aufgrund seiner Körperkraft nicht zu beherrschen gewesen sei und seine Mandantin infolge einer Infektion fast ihren Arm verloren hätte. Der Typ war mir nicht nur äußerlich höchst unsympathisch.

Als mich der Richter aufrief, meine Aussage zu machen, erklärte ich ruhig, dass ich Bauz bereits seit Jahren kannte und er in dieser Zeit nie den Anflug von Aggressivität erkennen hat lassen. Im Gegenteil. Man konnte ihm sogar das Fressen aus dem Maul nehmen, was viele Hunde nicht gerade goutierten. Die Vorstellung, dass Bauz gebissen hatte, sei daher geradezu abwegig

Der Richter nickte und sprach meine Worte in das Diktiergerät, trotzdem merkte ich, dass sie ihn nicht sonderlich überzeugten.

Magister Strolz dagegen schraubte seinen Hals aus dem grindigen Anzugkragen und fragte scharf: „Woher wissen Sie das? Hunde sind bekanntlich unberechenbar!"

„Ja", sagte ich, „genau wie Anwälte!"

Diese Bemerkung trug mir eine Ermahnung des Richters ein und ich war entlassen. Ich durfte mich an der Hinterwand auf einen der Sessel platzieren.

Als nächste kam Doktor Winkler, die Unfallchirurgin des Krankenhauses, zu Wort. Sie habe damals die Patientin Buchinger zuerst ambulant behandelt, aufgrund der eintretenden Sepsis jedoch einen mehrtägigen stationären Aufenthalt für nötig befunden.

„Sagen Sie, Frau Doktor", ließ sich jetzt Doktor Heinrich verlauten, „können Sie uns sagen, wie weit die Einbisswunden am Unterarm auseinandergelegen sind? Im Behandlungsprotokoll steht darüber nichts Explizites!"

Die Ärztin schürzte die Lippen: „Also, soweit ich mich erinnere, vier bis maximal fünf Zentimeter."

„Besten Dank." Heinrich machte es richtig gut. Er zog wie bei einem Zaubertrick die Etuischalen aus seinem Aktenkoffer: „Es wird das Gericht wahrscheinlich interessieren, dass in Anwesenheit von unabhängigen Zeugen mehrere Gipsabdrücke aus dem Maul des Hundes von Herrn Meixner genommen wurden, welche aufgrund der Distanz zwischen den Fangzähnen ausschließen, dass die Bissverletzungen von diesem Tier verursacht wurden!"

Während der Gegenpartei die Kinnlade etwas hinunterklappte, untersuchte der Richter die Abgüsse eingehend und erklärte hernach die Klage für abgewiesen.

„Gute Strategie, Herr Doktor", schmunzelte Heinrich und gab mir die Gipsabrücke zurück.

„Sozusagen Beweisführung mit Biss!"

„Ja, zwischen Gips und Grips besteht gar kein so großer Unterschied."

Auf dem Gang konnte ich nicht umhin, dem Magister Strobl noch zuzuraunen: „Ich habe Ihnen ja gesagt, Anwälte sind unberechenbar!"

Jetzt wäre eigentlich alles Wonne und Eierkuchen gewesen, nur Karin zeigte sich nicht begeistert über die Zweckentfremdung ihrer Schmuckschatulle.

„Ich besorge Dir eine Neue", versprach ich.

„Aber dann nur mit Inhalt."

„Also wenn es Dir darauf ankommt, das kannst Du das gleich haben“, sagte ich und hielt ihr die ausgegossenen Etuischalen hin.

Da musste Karin lachen: „Gipskopf!“

Pechsträhnen

Mir ist nicht bekannt, wie vielen anderen Tierärzten es manchmal ähnlich ergeht, aber ich vermute, dass das Phänomen sich nicht nur auf mich allein beschränkt. Zumindest von einem ehrlichen Kollegen weiß ich, dass ihm das auch schon mehrmals widerfahren war. Die Rede ist von, Gott sei Dank, nur kurzen Perioden im Berufsalltag, in denen nichts, aber auch schon gar nichts zu klappen scheint. Ein blöder Fall nach dem anderen, Therapien, die nicht so anschlagen wie gewohnt, mehrere Patienten hintereinander, die unter keinen Umständen durchzubringen waren und entweder aufgegeben werden mussten oder sich gnädigerweise von selbst aus dem Leben verabschiedeten, um mir die schwere Entscheidung, zu behandeln oder nicht, zu ersparen. Sein oder Nichtsein gilt schon seit Hamlets Tagen als die Frage schlechthin, aber im Vergleich zum Dänenprinzen saß ihm kein Bauer im Genick, der noch auf ein Wunder hoffte. Allerdings war es immer mein Prinzip, sobald mir die Situation als aussichtslos erschien, strikt abzulehnen, auf Teufel komm raus weiter zu therapieren, und diese Endgültigkeit dem Besitzer auch zu kommunizieren.

Nach dreißig Jahren Berufserfahrung behielt ich, im Unterschied zu Meinungsverschiedenheiten mit Karin, auch meist Recht. Trotzdem war es enervierend, wenn man nacheinander den Pompfüneberer spielen musste. In jüngeren Jahren machte mich so eine Serie völlig fertig, bis mir ein älterer Kollege im Vertrauen verriet: „Stirbt das erste Kalb, sterben auch die nächsten zwei!“

Das schien mir damals doch eine sehr makabre Variante des Sprichwortes „Aller guten Dinge sind drei“ zu sein, jedoch lag er mit dieser Aussage nicht so falsch.

Zu den hoffnungslosen Fällen kam in solchen Phasen dann noch öfters Unbill in Form eines Reifenpatschens auf einem

Almweg hinzu, Medikamente, die dringend benötigt wurden und ohne Lieferdatum waren, oder die banale Tatsache eines veritablen Hexenschusses.

Natürlich gab es auch die gegensätzliche Strähne, Wochen, in denen alles, was man anfasste, nicht gerade zu Gold wurde, aber äußerst erfolgreich verlief. Und zwar sogar in Gestalt schwieriger Erkrankungen.

Das vergaß man aber recht schnell und es blieben einem bloß die frustrierenden Erlebnisse im Gedächtnis. Merkwürdigerweise endeten solche Unglückszeiten nach einer relativen Kürze und die Tätigkeiten nahmen ihren gewohnten Verlauf.

Momentan befand ich mich in der Abwärtsspirale, binnen zwei Wochen waren mir drei Kälber gestorben! Das erste hatte ein durchgebrochenes Labmagengeschwür, das zweite eine hochgradige Entzündung des gesamten Darmkonvolutes mit Verklebungen am Bauchfell und das dritte war in einem derartig schlechten Zustand, dass ich jede Behandlung verweigerte. Wie sich herausstellte, war infolge eines aufgebrochenen Leberabszesses, welches aufgrund mangelnder klinischer Erscheinungen keiner bemerkt hatte, der gesamte Bauchraum mit Eiter ausgefüllt.

Dazu kamen eine ältere Kuh mit völlig kaputten Nieren, eine weitere mit nekrotischen Darmabschnitten und eine Kalbin mit eitriger Pneumonie aufgrund von massivem Befall mit Lungenwürmern.

Obwohl ich in jedem der Fälle machtlos war, kann man sich vorstellen, dass so eine Serie einem zusetzte.

Und dann rief noch der Niedermüllner an.

Der Niedermühlhof lag am unteren Ende des Eisbaches und stellte, wie schon der Name besagte, eine einstmals große Mühle da, ehe sie Anfang der Sechzigerjahre aus Rentabilitätsgründen geschlossen werden musste, da die Konkurrenz der aufstrebenden Futtermittelfirmen zu übermächtig wurde.

Bis dahin hatten mehrere Generationen der Niedermüllner ein beträchtliches Vermögen angehäuft und dieses in die

Landwirtschaft investiert. Deshalb schloss sich an das ehemalige Mühlengebäude, das mittlerweile im verfallenden Dornröschenschlaf lag, ein langgestreckter Rinderstall mit gelb gestrichenen Mauern an.

Sechsunddreißig wohlgenährte Kühe standen in einer Reihe und boten ein Bild damals bäuerlichen Wohlstandes. Zumindest für eine raue Gebirgsregion wie die unsere.

Da der an mein eigenes Praxisgebiet angrenzende Hof sich nahe der Bundesstraße befand, war er gut erreichbar und eigentlich ein attraktiver Arbeitsplatz für jeden Tierarzt, wäre da nicht der Niedermüllner persönlich gewesen.

Im ganzen Ort hieß er nur „der Gutsherr", weil er sich wie ein solcher verhielt. Stets in Knickerbocker und Trachtenjanker gewandet, stand er mit Gehstock da und gab seine Direktiven, während seine Frau und die beiden halbwüchsigen Söhne wie Sklaven schufteten, um den Betrieb in Schuss zu halten.

Ich glaube, der Niedermüllner war einer Kuh seit zwanzig Jahren nicht mehr näher als drei Meter gekommen, weil das seiner Knickerbocker hätte schaden können.

Die restliche Zeit verbrachte er beim Kirchenwirt und spielte Karten, vorzugsweise Schafkopf, in ländlichen Regionen ein weitverbreitetes und beliebtes Spiel, wobei aber keine Gefahr für Haus und Hof drohte, denn der Niedermüllner zog seine Kontrahenten beständig über den Tisch. „Wenn er ein Falschspieler wäre", vertraute mir einmal der Simmerlbauer an, der regelmäßig gegen den Niedermüllner den Kürzeren zog, „könnten wir ihn teeren und federn. So aber", setzte er resigniert hinzu, „können wir gar nichts machen, weil uns für beides das Geld fehlt."

Und ausgerechnet der Niedermüllner rief in meiner Unglücksphase an und wünschte meinen Besuch, obwohl er sonst andere Tierärzte beschäftigte.

Neugierig, was er von mir wollte, fuhr ich trotzdem hin. Vielleicht bot sich ja auch die Gelegenheit, mit einer überzeugenden Leistung einen Fuß in die Tür des Betriebes zu bekommen.

„Meine beste Kuh stiert nicht!“, eröffnete er mir und wies mit einem Gehstock auf den Hintern einer fülligen Fleckviehkuh. „Wir haben schon alles probiert, Hormontabletten, Hormonspirale, aber sie will nicht. Jetzt habe ich mir gedacht, schauen wir einmal, was der Christ zusammenbringt!“

Meine Laune sank auf den Nullpunkt: „Zuerst schauen wir einmal, ob der Christ diesen Fall überhaupt übernimmt!“

Aber der Ehrgeiz war stärker als der Gedanke, das Reserverad zu spielen. Ich zog mir den Rektalhandschuh über. „Wollen Sie mir die Kuh nicht halten?“, fragte ich, da er keine Anstalten dazu machte.

„Walter“, schrie er über den Hof, „der Tierarzt braucht Hilfe!“

Einer der Söhne kam angewetzt und hielt mir den Kuhschwanz zur Seite. Ich betastete die Eierstöcke und zog mir den Handschuh vom Arm: „Die Kuh hat völlig leere Ovarien. Sie hat sozusagen den Betrieb eingestellt. Bei einem Lift würde man sagen ‚out of order!‘“

Der Niedermüllner hatte jedoch kein Interesse an technischen Details. „Und“, fragte er ungeduldig, „haben Sie eine Lösung?“

„Naja, wenn es nach der ganzen Hormontherapie noch funktionieren kann, dann nur mit Akupunktur!“

„Akupunktur?“ Der Niedermüllner brach in schallendes Gelächter aus. „Dieses neumodische Zeug?“

„So neumodisch ist das nicht“, widersprach ich, „die Chinesen praktizieren es seit zweitausend Jahren!“

„Also schön, dann versuchen Sie Ihr Glück!“

Ich wies Walter an, den Kopf der Kuh in den Schwitzkasten zu nehmen, weil Akupunktur durchaus schmerzhaft sein und heftige Abwehrbewegungen seitens des Tieres auslösen konnte. Das Bürschchen mühte sich nach Leibeskräften ab, konnte aber nicht verhindern, dass die Kuh etliche Tritte in meine Richtung absolvierte. Trotzdem gelang es mir, die entsprechenden Punkte an ihr zu stechen.

Nach einigen Minuten zog ich die Nadeln wieder heraus.

„So", sagte der Niedermüllner, der die Aktion wie ein Zirkusdirektor in der Manege aus der Distanz verfolgt hatte, „und wann wird die Kuh jetzt stieren?"

„Das lässt sich schwer voraussagen. Aber so in zwei bis vier Wochen könnte es soweit sein."

„Zwei bis vier Wochen! Sehr präzise scheint mir die Methode nicht zu sein!"

Er zog die Geldbörse. „Was bekommen Sie?"

Als ich ihm den Preis nannte, brummte er: „So viel? Und nicht einmal ein Medikament verwendet! Ihr Kollege ist bedeutend billiger!"

Ich glaubte ihm kein Wort und sagte: „Wenn, dann ist es zu seinem eigenen Schaden!"

Die Wochen verflogen und ich bekam keine Rückmeldung vom Niedermüllner.

Weil es mich aber interessierte, ob meine Behandlungen anschlugen oder nicht, stoppte ich den Wagen vor dem Kirchenwirt, als ich sein Auto davor stehen sah, und ging hinein.

Der Niedermüllner saß gerade in einer Kartenrunde und sprang, sobald er mich sah, von seinem Sitz auf: „Sie! Ich habe Lust, Sie wegen eines Kunstfehlers zu verklagen!"

Die übrige Kartenpartie spitzte die Ohren.

„Moment! Wenn die Kuh nicht gestiert hat, ist das noch lange kein Kunstfehler, nachdem auch die Hormontherapie fehlgeschlagen ist.", versetzte ich aufgebracht.

„Gestiert hat sie ja. Aber, wie wir sie mit einer anderen zum Probieren hinausgelassen haben, hat sie sich das Bein gebrochen! Wir mussten sie sofort zum Metzger bringen!"

Wenn Kühe stierig, das heißt, sich in der Hochbrunst befinden, zeigen sie den so genannten Duldungsprozess. Der äußert sich dadurch, dass sich die betroffene Kuh von einer anderen bespringen lässt oder selbst auf einer anderen aufreitet. Auf rutschigem Untergrund kann das jedoch manchmal zu Verletzungen führen.

Ich war einigermaßen irritiert: „Sie wollten ja, dass die Kuh stierig wird. Von einem Kunstfehler kann daher keine Rede sein!"

„Doch! Weil dass sie so stark stierig werden kann, dass sie sich gleich ein Bein bricht, davon war keine Rede!"

Normalerweise hätte mich eine solche Unverschämtheit zur Weißglut gebracht, aber an diesem Tag waren mein Yin und Yang offenbar gut ausbalanciert, denn ich sah ihn mit der Gelassenheit eines alten Chinesen – Gelassenheit deswegen, weil ich wusste, dass er mit diesem abstrusen Vorwurf niemals durchkommen würde – an und sagte: „Wenn das Ihre Meinung ist, dann ist Schafkopf genau das richtige Spiel für Sie!"

Herr Flatschberger läutete an der Ordinationsglocke. Normalerweise hielt ich Kleintierordination nur nach Voranmeldung, aber er hatte wohl meinen Wagen vor dem Haus entdeckt, den ich nicht in die Garage gefahren hatte, weil ich nur etwas aus der Apotheke holen wollte und gleich wieder weiter musste. Es war Ende November, zu dieser Zeit schon zappenduster. Ein dichter Schneefall bedeckte mittlerweile die Landschaft ebenso wie Herrn Flatschbergers Paletot und Floxls Fell.

„Entschuldigung, dass wir so reinplatzen, aber ich war mit Floxl Gassi und er hat mit einem Stöckchen gespielt und da ist ihm ein Stück Holz zwischen die Zähne geraten!"

Ich schaute den Foxterrier an, der dauernd mit der Pfote seine Kiefer bearbeitete. Und dabei winselte. „Und halten Sie seinen Kopf fest!"

Als ich die Lefze hochschob, sah ich sofort das Übel. Ein gelblicher Holzsplitter hatte sich zwischen zweitem und drittem unterem Molaren verklemmt. Ich griff zu einer chirurgischen Kornzange und zog den Span mit einem kurzen Ruck heraus. Das hatte keine Minute gedauert. Zur Sicherheit untersuchte ich noch die Mundhöhle, aber da auf dem Holz kein Blut klebte, konnte ich annehmen, dass das Zahnfleisch unverletzt geblieben war.

„So, damit ist die Sache erledigt!"

„Tausend Dank, Herr Doktor! Was bin ich Ihnen schuldig?" Herr Flatschberger griff zu seiner Gesäßtasche und murmelte: „Verflixt, jetzt habe ich kein Geld bei mir!"

„Lassen Sie nur. War ja keine große Angelegenheit. Nicht einmal ein Medikament habe ich gebraucht."

„Nein, nein! Das will ich nicht! Ihre Zeit ist schließlich auch kostbar!"

Normalerweise hätte ich gesagt: „Dann schmeißen Sie halt was in die Tierschutzkassa", aber wenn er kein Geld bei sich hatte, war das auch keine Option. Und einen Klingelbeutel, in den man Hosenknöpfe einwarf, besaß ich nicht.

Plötzlich erhellte sich seine Miene: „Aber ich hab' da was anderes!" Er nestelte aus der Innentasche seines Mantels ein Papier hervor: „Hier! Ein Lottoschein! Wollte ich morgen einlösen, aber jetzt sollen Sie ihn haben. Ist auch schon ausgefüllt!"

„Kommt doch gar nicht in Frage", wehrte ich ab, „stellen Sie sich vor, Sie würden den Haupttreffer machen, dann kostet der Eingriff eine Million oder noch mehr."

„Nehmen Sie ihn ruhig. Ich hab' sowieso noch nie etwas gewonnen!"

Nach dieser tröstlichen Versicherung schnappte er seinen Floxl und verschwand wieder im dichten Schneetreiben.

Also Käuze gibt es, dachte ich, die gibt es nicht.

Ich dachte natürlich nicht im Traum daran, zum Trafikanten zu pilgern, um den Schein abzugeben, deshalb steckte ich ihn in den Ordinationsmantel und dachte nicht mehr daran.

An dem Wochenende hatte ich Bereitschaftsdienst, es war untertags relativ hektisch zugegangen, dazu das Wetter und die miserablen Straßenverhältnisse, sodass ich am Abend ziemlich geschlaucht heimkam. Ich schaltete den Fernseher ein, um mich am Teletext über das aktuelle Geschehen zu informieren, da geriet ich in die Übertragung der Lottoziehung.

Ich spielte nie Lotto und schaltete daher für gewöhnlich sofort wieder weg, aber da ich ja diesmal, wie mir jetzt wieder einfiel, im Besitz eines Lottoscheines war, blieb ich spaßhalber auf Sendung und notierte mir die Zahlen. Ich wollte einfach wissen, wie weit ich danebengelegen wäre.

Anschließend ging ich hinunter in die Ordination und kramte den Schein aus dem Mantel. Und dann bekam ich Schnappatmung! Herr Flatschberger hatte zwar nicht den Sechser ausgefüllt, aber immerhin fünf Richtige und sogar der Joker stimmte. Ich stützte den Kopf in meine Hände und stöhnte.

Karin hörte das und kam besorgt herein: „Was ist mit Dir? Hast Du Schmerzen?"

„Und wie!" Ich schob ihr beide Zettel zum Vergleich hinüber. Zuerst musste Karin auch ein paar Mal heftig schlucken, dann aber lächelte sie und drückte mir einen Kuss auf die Stirn:

„So ist das halt im Leben! Pech im Spiel, Glück in der Liebe. Musst halt noch ein paar Jahre länger arbeiten!"

Ich sah sie an. Wieder einmal hatte sie Recht. Eine Frau wie Karin tauschte man auch nicht gegen eine Million ein.

Dafür hatte ich dem Hofreiter schon eine Million Mal gesagt, er sollte gefälligst früher anrufen und nicht erst, wenn es lichterloh brannte.

Aber das war vergebliche Mühe, das ging ihm beim einen Ohr hinein und beim anderen wieder heraus, weil dazwischen nicht viel war, was bremsen konnte.

So war es auch diesmal. Als er mir am Telefon verkündete, dass eine Kalbin beim „Kälbern" wäre, aber nichts weiterging, lautete daher meine erste Frage: „Wann ist denn die Fruchtblase geplatzt?"

„Na, so in der Nacht!"

Ich schaute auf die Uhr und ächzte. Jetzt war es Dreiviertel zehn am Vormittag! „Gut! Ich komme!"

Zuerst rief ich den Kerschtaler an und sagte den fixierten Termin zu den BVD-Blutproben wegen des Notfalls ab. Er klang nicht sehr amüsiert, da er deswegen extra daheim geblieben war.

„Beschweren Sie sich beim Hofreiter! Vielleicht nützt es bei Ihnen was.“, gab ich zurück.

„Sie haben aber lange gebraucht“, war der einzige Kommentar vom Hofreiter, als ich mit quietschenden Bremsen auf dem Vorplatz seines Hofes anhielt.

„Ich hab’ meinen Flugschein noch nicht erhalten“, antwortete ich grantig und schleppte den Geburtskoffer in den Stall.

„Ich habe es eh schon probiert, aber ich kann den Kopf nicht finden!“, meinte er, während ich den Gummimantel überstreifte und die Arme in Desinfektionsmittel tauchte.

Die Kalbin presste stark, während ich den Geburtskanal untersuchte. Die nach oben gerichteten Klauensohlen des Kalbes gaben mir den ersten Hinweis auf die Fehlstellung.

„Kein Wunder, dass Sie keinen Kopf gespürt haben. Das ist nämlich ein Arschlingkalb!“

Das hieß in unserer Gegend, dass das Kalb verkehrt herum lag und mit den Hinterbeinen voran zuerst erscheinen würde.

„Ah, darum!“, war sein einziger Kommentar!

Zwischen dem Kopf vom Hofreiter und seinem Körpergegenpol bestand kein großer Unterschied, weil er ja in diesem Fall zumindest den Kälberschwanz hätte spüren müssen.

Wenigstens würde ich keine Augenhaken brauchen. Ich band dem Kalb die Geburtsstricke um die Hinterbeine und pumpte künstlichen Fruchtschleim in die Gebärmutter, weil aufgrund der langen Zeit, die der Hofreiter seit dem Brechen des Geburtswassers verstreichen hatte lassen, sich alles schon recht trocken anfühlte.

Dann begannen wir zu ziehen. Es ging nur langsam vorwärts, weil Kalbinnen immer eng gebaut sind und ich musste den Bauern mehrmals ermahnen, dass er gleichmäßigen Zug ausüben und nicht reißen soll.

Endlich rutschte das Kalb heraus, erwies sich aber als ziemlich leblos, was mich nicht besonders verwunderte. Es ist der Nachteil bei Hinterendlagen, dass der Kopf viel länger drinnen verweilt und dadurch ein Sauerstoffmangel entstehen kann. Der Hofreiter schüttete, wie es üblich ist, dem Neugeborenen sofort einen Kübel kaltes Wasser über den Körper, aber das zeigte wenig Wirkung. Jetzt war Eile geboten. Während der Bauer um eine Nachfüllung rannte, nahm ich die erstbeste Injektionsnadel, die mir in die Finger kam und bohrte sie dem Kalb in den vorderen Nasenrücken. Dort befindet sich nämlich ein Akupunktur-Notfallspunkt. Nach einem weiteren Wasserguss begann sich das Kalb wenigstens ein bisschen zu regen, aber es war noch lange nicht über den Berg. Es lag da, röchelte stark und atmete schwach. Der Hofreiter fing an, das Tier mit Stroh abzureiben.

„Heben Sie es zuerst an den Hinterbeinen hoch", rief ich, „und dann verwenden Sie statt dem gottverdammten Stroh eine kräftige Bürste!"

Wie oft hatte ich Bauern schon klar zu machen versucht, dass sich Stroh zur Kreislaufmassage nicht eignete. Einmal damit über das glitschige Haarkleid gestrichen und das Zeug war ebenfalls schleimig. Man schob dann lediglich den Schleim hin und her.

Die Bürstenborsten hingegen drangen durch das Fell an die Haut und brachten dort die Blutzirkulation in Schwung. Gehorsam tat der Hofreiter, wie aufgetragen, packte eine Reibbürste und bearbeitete das Kalb damit wie eine emsige Hausmeisterin den Gangboden.

„Achtung auf die Nadel", wollte ich noch rufen, aber da war es schon zu spät. In seinem Eifer hatte der Hofreiter wie ein Verrückter gefuhrwerkt, dabei die Nadel, die noch in der Nase steckte, übersehen und abgestreift. Mit einem eleganten Salto flog sie in hohem Bogen durch die Luft und landete irgendwo in der Einstreu der Abkalbebox.

Meine primäre Sorge galt aber immer noch dem Kalb. Es lag aber bereits auf der Brust und nicht mehr auf der Seite und hob auch schon den Kopf aktiv. Das sah ganz hoffnungsvoll aus und ich war mir jetzt ziemlich sicher, dass das Tier es schaffen würde. Auch die Kalbin machte jetzt einen zufriedenen Eindruck.

Rasch säuberte ich in der Milchkammer meine Geburtsutensilien, verstaute sie, bis auf den Gummimantel, im Koffer und drehte anschließend noch eine Runde durch die Abkalbebox in der Hoffnung, die berühmte Nadel im Heuhaufen zu entdecken.

„Suchen Sie, was, Herr Doktor", fragte der Hofreiter, der vor lauter Anstrengung ein rotes Gesicht hatte.

„Ja, die Nadel! Irgendwo da muss sie hingeflogen sein!"

„Machen Sie sich keine Sorgen. Die finde ich schon!"

Ich zweifelte zwar an seinen Worten, aber was sollte ich tun. Schließlich warteten an diesem Vormittag noch etliche Visiten auf mich und mittlerweile war es kurz vor elf.

„Räumen Sie am besten die gesamte Einstreu raus", sagte ich, warf einen letzten Blick auf den Neuankömmling in dieser manchmal so schäbigen Welt und sprang ins Auto.

Zwei Tage später läutete mein Handy. Ich fluchte und balancierte die heikle Schachtel mit den gefüllten Blutröhrchen vor mich her, während ich abhob. Es war der Hofreiter. Klar, das war seine typische Zeit.

„Wie geht's dem Kalb?", wollte ich wissen.

„Oh, dem geht's gut. Ich wollte Ihnen nur sagen, dass wir die Nadel gefunden haben!"

„Sehr freundlich von Ihnen, mir Bescheid zu geben, aber die kann ich sowieso nicht mehr verwenden. Deswegen hätten Sie nicht extra anrufen müssen!"

„Doch, habe ich! Weil sie steckt im Fuß von der Kuh!"

Immer was Neues

„Kaffee?"

„Danke, sehr lieb!"

Wie man an dieser Formulierung unschwer erkennen konnte, handelte es sich bei Herrn Stranek um einen Wiener. Er war Referent, früher hätte man gesagt Vertreter, der österreichischen Niederlassung eines kleinen Pharmaunternehmens in Deutschland und eigentlich der Einzige seines Berufsstandes, den ich meistens empfangen konnte. Sonst hatte ich wenig persönlichen Kontakt zu seinen weiblichen oder männlichen Kollegen, trotz derer Bemühungen, weil ich mich untertags meist auf Achse befand und die Mittagszeit zu einer kurzen Regeneration nutzte. Schon als Student hatte ich immer die kleine Ruhephase nach dem Essen, ganz nach dem Motto *plenus venter non studet libenter*, also ein voller Bauch studiert nicht gerne, eingeschaltet. Damals, um für die abendlichen Umtrünke gerüstet zu sein, heute, um Energie für die Nachmittagsvisiten zu sammeln.

Warum Herr Stranek eine Ausnahme bildete, ist leicht erklärt. Erstens war er zeitlich sehr flexibel und zudem äußerst beharrlich, um nicht zu sagen lästig.

„Na gehen S'", pflegte er zu raunzen, wenn er zwei Mal im Jahr die westlichen Bundesländer bereiste, „für einen alten Landsmann werd'n S' doch noch fünf Minuten übrig haben!"

Wie man mit lästigen Wienern umspringt, wusste ich von mir selbst, aber der eigentliche Grund meinerseits bestand darin, dass seine Firma immer wieder überraschende Produkte im Repertoire hatte, über die sonst keine andere verfügte. Ich denke da nur an eine seinerzeitige Enzymlösung, die krankes Gewebe praktisch auflöste und die es in allen Formen gab, sei es als Injektionslösung, Eutertuben, Ohrreiniger für Kleintiere oder Salben. Sie hatte mir stets gute Dienste geleistet. Oder ein Infusionsmittel zum Leberschutz, das wesentlich billiger war als das Pendant aus Frankreich und mindestens ebenso wirksam.

Wir saßen in der Ordination und während er den Espresso schlürfte, blätterte er mit der anderen Hand seine Listen durch.

„Also, da hätte ich ganz was Sensationelles! Was ganz Neues! Einen Pheromonspray für aufgeregte Pferde. Sie wissen ja, wenn Stuten ihre Jungen säugen, geben sie dabei diese Duftstoffe ab und die Fohlen sind dann wesentlich entspannter und trinken besser. Und das haben wir jetzt nachgebaut. In Amerika ist das Mittel schon gang und gäbe."

Das war ein taktischer Fehler von Herrn Stranek. Weil das meiste, was sie in den USA betreiben, speziell in der Landwirtschaft, stößt bei mir gewöhnlich auf reflexartigen Widerwillen.

„Danke, ich weiß über Pheromone Bescheid!" wehrte ich ab. Da war nun wirklich nichts Neues. In der gesamten Natur existieren diese Botenstoffe, ein Eber zum Beispiel, wenn er erregt ist, beginnt zu „paschen", das heißt, mit dem Mund Speichelschaum zu schlagen, und produziert dabei Pheromone, welche den Duldungsreflex der Sau verstärken sollen. Sogar Pflanzen bedienen sich dieser Übertragung, wie man herausgefunden hat, ein von Borkenkäfern befallener Baum warnt damit seine Artgenossen.

„Aber ein Nasenspray beim Pferd?", präzisierte ich meine Skepsis, „soweit ich beobachtet habe, werden die Rösser dadurch erst recht unleidlich."

„Nicht bei dem! Sie brauchen ja nur einen winzigen Sprüher, und, ich sage Ihnen, der wildeste Mustang wird innerhalb von ein paar Minuten fromm wie ein Lamperl! Überhaupt kein Stress mehr."

Das klang für einen Großtierpraktiker äußerst verlockend.

„Na schön, lassen Sie mir eine Dose da. Was kostet die denn?"

Als er mir den Preis nannte, haute es mich fast vom Schreibtischsessel.

„Ja, ganz billig ist das Mittel nicht. Aber es sind ja nur zwei winzige Sprüher und Sie werden sehen, beim nächsten Mal nehmen Sie gleich einen ganzen Karton!“

„Das glaube ich weniger! So viele Problempferde habe ich nämlich nicht!“

Schon kurze Zeit später sollte ich Gelegenheit haben, das Wundermittel zum Einsatz zu bringen. Auf dem Reiterhof der Familie Alberti war eine Stute verkauft worden und sollte jetzt verladen werden. Sie weigerte sich jedoch, in den Anhänger zu steigen, und deshalb meinte Herr Alberti am Telefon, sie bräuchte eine Sedierung.

Leise vor mich hin summend steckte ich den Pheromonspray in die Westentasche und fuhr derart gerüstet los.

Als ich auf dem Gelände ankam, stand eine Gruppe von Leuten, die neuen Besitzer der Stute, die Familie Alberti und der Stallbursche Karl, der das Pferd am Zügel hielt, auf dem Platz. Der Transportanhänger war geöffnet und die hintere Klappe, die als Aufstiegsrampe diente, mit Stroh bedeckt.

„Schön, dass Sie da sind“, begrüßte mich Herr Alberti und gab mir die Hand. „Seit einer halben Stunde versuchen wir, die Isabella in den Hänger zu kriegen, aber sie weigert sich und das macht natürlich kein gutes Bild auf die Käufer.“

Ich kannte Isabella von einer früheren Kolik her und wusste, dass sie zur nervösen Sorte gehörte. Ich hätte sie jedenfalls nicht gekauft. Das konnte ich Herrn Alberti jedoch schwer sagen.

„Eine kleine Beruhigungsspritze, dann kriegen wir sie schon auf den Transporter.“, meinte er zuversichtlich.

Ebenso zuversichtlich erwiderte ich: „Keine Spritze! Da haben wir etwas ganz Neues. Einen Beruhigungsspray!“

„Nein, was es heutzutage alles gibt?“ Herr Alberti, ein erfahrener Pferdemann, war erstaunt.

Ich zog die Dose hervor und trat an Isabella heran. Sie rollte wild mit den Augen und zerrte am Halfter, sodass der Stallbursche Mühe hatte, sie zu bändigen.

„Ruhig, altes Mädchen, kostet Dich ja nicht den Kragen", brummte ich und drückte den Sprühknopf. Das Ergebnis war, dass Isabella schrill wieherte, vorne aufstieg und mit den Vorderbeinen so schlug, dass die Hufe nur einen Zentimeter an Karls Stirn vorbeisausten.

„Das ist nur eine vorübergehende Reaktion", versuchte ich zu beruhigen, obwohl ich jetzt selbst eine leichte Sedierung gebraucht hätte, „führen Sie sie erst ein paar Minuten herum."

„Das Mistvieh hätte mich fast erschlagen", maulte der Stallbursche nicht ganz unberechtigt, führte aber das Pferd im Kreis.

„Sind Sie sicher, dass das die richtige Methode ist, Herr Doktor?" Herrn Alberti schienen die gleichen Zweifel zu befallen wie mich.

„Aber ja! Es dauert halt ein paar Minuten, bis die Wirkung eintritt", versuchte ich ein tapferes Lächeln. „Das hat mir jedenfalls der Vertreter versichert."

„Ach so! Der Vertreter!"

Nach fünf Minuten kam mir nicht so vor, dass sich das Verhalten von Isabella gravierend geändert hätte, trotzdem rief ich: „So! Jetzt probieren wir es noch einmal."

Isabella ließ sich zwar zur Rampe führen, aber kaum hatten ihre Vorderbeine die Schräge berührt, wieherte sie erneut und drängte zurück.

„Geh weiter, Du Luder", keuchte Herr Alberti und stemmte sich mit seinem gesamten Körpergewicht gegen das Hinterteil der Stute, wobei er ihr zusätzlich den Schweif eindrehte. Isabella quittierte diesen rüden Eingriff in ihre persönliche Freiheit mit einem erneuten Wiehern und keilte nach hinten aus, wobei sie präzise Herrn Alberti traf.

„Au, Du alte Drecksau“, heulte er auf und sank zu Boden. „Verflixt noch einmal, Doktor, verpassen Sie dem Mistvieh endlich eine ordentliche Spritze!“

Ich eilte zum Wagen und zog die Injektion auf. Aber ohne Pferdebremse würde es nicht gehen. Die Pferdebremse oder das so genannte „Pfeiferl“ war eine kurze Strickschlinge, durch die man die Oberlippe eines Pferdes hindurchzog und mit einem daran befestigten Holzstab durch intensive Drehung zusammenschnürte. Quasi ein Maulknebel, der widerborstige Pferde ruhigstellte, sodass man an ihnen Manipulationen vornehmen konnte,

So war es auch in diesem Fall. Mit flatternden Händen suchte ich die Halsvene von Isabella und injizierte ihr das Beruhigungsmittel. Drei Minuten später stand sie mit gesenktem Kopf, hängenden Ohren und Unterlippe da und ließ sich widerstandslos in den Hänger schieben.

Allerdings hatte die Käuferfamilie den Hänger bereits von ihrem Geländewagen abgekoppelt

„Wissen Sie was? Wir treten vom Geschäft zurück!“

„Verflucht, Doktor“, rief Herr Alberti, der mittlerweile ein Knie wie ein Volleyball hatte,

„Sie haben mir mit Ihrer neumodischen Methode eine Stange Geld gekostet!“

Ich zog den Kopf ein, setzte mich ins Auto und war mir sicher, auf dem Betrieb würde ich keine großen Bäume mehr ausreißen. Den Pheromonspray hätte ich genauso gut in den Müll werfen können, aber ich brauchte ihn noch für Herrn Straneks nächsten Besuch. Denn dann würde ich ihm das Zeug in die Nüstern sprühen, damit er sich stressfrei anhören konnte, was ich ihm über sein Wundermittel alles erzählen würde.

„Ja, hier ist der Georg vom Scheiblbauer. Ich hab’ da die Anna, die nicht ferkeln kann. Kommen Sie bitte!“ Normalerweise haben unsere Kühe individuelle Namen, kaum ein Bauer jedoch taufte Schweine damit. Auf dem Scheiblhof hatte aber alles einen

Namen, sogar der zwanzig Jahre alte Traktor. Er hieß Tom, wenn ich mich nicht irrte.

Ich blinzelte schlaftrunken auf den Wecker am Nachtkastl. Zwanzig nach zwei! Himmelarschundzwirn! Das war jetzt schon die dritte Nacht hintereinander, in der ich herausgeklingelt wurde. Mühsam wälzte ich mich aus den Federn und warf einen letzten neidvollen Blick auf Karin, die von dem kurzen Anruf gar nichts mitbekommen hatte.

Wie hieß es so schön: Ein gutes Gewissen ist ein sanftes Ruhekissen, aber vom Gewissen her gesehen, hätte ich auch noch durchaus ruhen können.

Mit langsamen Bewegungen, wie ein im Winterschlaf gestörter Bär, und genauso ungehalten brummte ich vor mich hin und quälte mich in die Stallmontur. Die Nacht, die ich durchfuhr, war einsam und stürmisch, der Wind bog sämtliche Baumwipfel, dass sie über mir beängstigend knarrten und ächzten, und rüttelte auch am Wagen.

Der Scheiblhof lag in völliger Dunkelheit, dass ich mich fragte, ob mich da wer verarscht hatte. Aber dann erschien der Georg und führte mich in den kleinen Anbau, in dem die Sau untergebracht war. Drinnen sah es aus wie bei einer Aufbahrung. Dutzende Kerzen standen ringsum auf dem groben Mauersims, im Strohbett lag die Sau und grunzte unaufhörlich.

„Wir haben keinen Strom", entschuldigte sich der Georg, „wahrscheinlich hat ein Ast die Leitung unterbrochen."

Naja, Dinieren bei Kerzenschein kann schließlich jeder, aber Geburtshilfe nicht.

„Ich hab' da aber noch ein Problem!", beichtete Georg. „Als ich nachschauen war, wie weit die Anna schon ist und ihr die Kerze an das Hinterteil gehalten habe, hat sie gefurzt und da ist eine Stichflamme hervorgeschossen, dass ich schon geglaubt habe, sie fackelt mir den Stall ab. So einen Flammenwerfer habe ich einmal in einer Doku über den Weltkrieg gesehen. Nur hat sie jetzt leider einen verbrannten Hintern."

„Haben Sie keine Taschenlampe?“

„Schon, aber die Batterien sind leer!“

„Und wo sind die Ferkel?“

„Alle noch drinnen!“

Das konnte ja heiter werden. In eine Sau hineingreifen, die einen angekohlten Steiß hatte.

Die Sau als Flammenwerfer

Es war wie erwartet. Sobald Anna die Tuchfühlung spürte, protestierte sie mit einem unwilligen Schnarchlaut, sprang auf und begann, herumzurennen. Aber da ich meine Hand schon in ihrer Vagina hatte, ließ ich nicht locker, sondern rannte in gebückter Haltung hinter ihr her. Schweine sind verflixt schnell, zum Glück war Anna ihre volle Gebärmutter ein wenig hinderlich und die Ferkelbox nicht allzu groß, aber ich wusste, lang würde ich das nicht mehr durchhalten.

„Halten Sie sie auf!“, schrie ich.

Der Georg schnitt ihr den Weg ab und umfasste ihren Speckhals mit beiden Armen, konnte sie aber auch nicht bremsen. Die Sau wog immerhin über zweihundert Kilo und schleppte jetzt uns beide durch die Gegend.

„Den Strick, schnell!“ Ich hatte vorsorglich einen bereitlegen lassen.

Georg warf ihr geschickt die Schlinge über den Kopf.

„Und jetzt irgendwo festmachen!"

Aber als er den Strick an einen Balken binden wollte, geriet er mit der Hand zwischen Holz und dem Seil, an dem das zornige Schwein zerrte.

„Auweh", schrie er auf und ließ los.

„Beeilen Sie sich gefälligst", brüllte ich, weil ich mit den Fingerspitzen das erste Ferkel im Geburtskanal spürte.

Der nächste Versuch gelang, wir hatten Anna gestoppt und jetzt konnte ich an meine eigentliche Arbeit gehen. Aber das war nicht nötig, plötzlich flutschte ein Ferkel nach dem anderen von selbst heraus. Ich brauchte sie nur aufzufangen und kam mir vor wie ein Fließbandarbeiter. Nach fünf Minuten lag eine Menge rosaroter Schweinchen im Stroh wie die aus Marzipan zu Silvester.

„Na so was, das ist ja ganz was Neues", staunte der Georg bei dem Anblick und rieb seine gequetschte Hand, „so schnell ist das bei ihr noch nie gegangen! Normalerweise braucht sie den halben Tag, bis alle heraußen sind." Dann sah er mich an: „Glauben Sie, das Feuer auf ihrem Hintern hat die Geburt befeuert?"

„Das glaube ich weniger. Es heißt zwar allgemein, Feuer unter dem Arsch machen, wenn es schnell gehen soll, aber in diesem Fall hat sicher die Rennerei etwas bewirkt. Ich sollte Ihnen Kilometergeld berechnen."

Er streckte mir vorsichtig die gequetschte Hand entgegen und grinste: „Und ich Ihnen Schmerzensgeld!"

Wir einigten uns letztendlich auf das normale Honorar und ich gab ihm zum Abschied noch den Tipp: „Wenn Sie das nächste Mal eine Beleuchtung für Annas Hinterschwarte brauchen, nehmen Sie kein offenes Feuer!"

Er grinste erneut, aber man kannte ihm an, dass er nach wie vor der Meinung war, die Flammenwerfergeschichte hätte das Geburtsgeschehen beeinflusst, und ich war mir sicher, er würde, wenn es wieder so weit war, die Methode noch einmal probieren.

Ich konnte nur hoffen, dass Anna nicht ausgerechnet dann eine Blähung hatte.

Als ich nach Hause kam, dämmerte schon der Morgen und es reichte gerade zu einem dreifachen Espresso, als schon wieder das Telefon läutete. Diesmal war der Traunerbauer am Apparat: „Entschuldigen Sie, dass ich schon so früh anrufe, aber ich habe mir gedacht, je eher, desto besser. Eine meiner Kühe soll in wenigen Tagen zur Versteigerung, aber ich fürchte, sie hat ein Panaritium. Mit dem Fuß kann ich sie unmöglich auftreiben. Vielleicht haben wir noch eine Chance, sie bis Donnerstag hinzukriegen."

An Schlaf war ohnehin nicht mehr zu denken, also seufzte ich: „Gut, ich mach' mich gleich auf den Weg!"

„Noch etwas! Von uns ist keiner da, nur der Großvater! Der zeigt Ihnen die Kuh."

„Der wird mir aber sonst keine Hilfe sein." Der alte Trauner war in den letzten Jahren ziemlich eingegangen, sowohl körperlich als auch geistig.

„Keine Sorge, die Kuh ist eh brav, bei der brauchen Sie niemanden zum Halten."

Ich ließ mir noch einen Dreifachen aus der Kaffeemaschine herunter und stieg, da ich mich noch in der Stallkluft befand, ins Auto.

Auf dem Traunerhof reagierte zuerst niemand auf mein Hupen, außer einer Katze, die sich zum Frühsport auf der Fensterbank streckte und mich mit erstaunten Augen musterte. Ich wusste, dass der Traunergroßvater bereits ziemlich schwerhörig war, deshalb malträtierte ich noch ein paar Mal die Hupe, bis es der Katze zu viel wurde.

Endlich öffnete sich langsam die Haustüre und der alte Trauner schlurfte heraus.

„Sie hätten nicht so einen Krawall veranstalten müssen, Herr Doktor, ich bin ja nicht taub", war seine Begrüßung.

Nein, aber derrisch, dachte ich, sagte aber laut: „Ich habe mir gedacht, dass Sie vielleicht um diese Zeit noch schlafen!"

„Nix ist mit den Schafen! Eine Kuh ist krump!" So viel zum Gehör des Altbauern.

Die Kuh hätte ich auch ohne den Trauner gefunden, ihr rechtes Hinterbein war rund um das Saumband mächtig geschwollen. Als ich sie dort berührte, zuckte sie zusammen, und da ich unten an der Sohlenfläche nichts Verdächtiges spürte, war die Diagnose eindeutig: Panaritium!

Das ist eine häufige Infektion, ähnlich unserer Nagelbettentzündung und ebenso schmerzhaft. Wenn man rechtzeitig behandelte, bevor sich Eiter bildete, war der Spuk in zwei, drei Tagen vorbei. Sonst hieß es Baden und Schmieren, damit die Geschichte aufbrach.

Dieser Fall schien jedoch noch frisch zu sein, trotzdem fragte ich zur Sicherheit: „Wie lange hat sie das schon?"

„Der Sohn? Der ist im Holz!"

„Wie lange ist sie schon krump", brüllte ich.

Der Trauner wölbte die Handfläche ums Ohr und nickte: „Ja, ja, die Walli ist krump!"

Ich ging zurück zum Auto und zog die Spritze auf. Weil sich aber rechts von der Kuh eine Säule befand, sodass ich schlecht zum Oberarm gelangen konnte, der meine bevorzugte Stelle für größere Injektionsmengen darstellte, trat ich von links an die Walli heran und schlug ihr mit einer blitzschnellen Handbewegung die Nadel in den Muskel.

Außerdem hatte das den Vorteil, dass, wenn sie nach mir schlagen wollte, sie das kranke Bein belasten hätte müssen und das würde sie sich zwei Mal überlegen. Aber der Trauner hatte Recht. Sie war eine friedfertige Kuh.

Als die Spritze mit dem Antibiotikum endlich leer war, das Medikament gehörte zu den zähflüssigen seiner Sorte, sagte ich: „So, das wäre erledigt."

Der Traunergroßvater aber sah mich entsetzt aus seinen wasserblauen Augen an: „Falsch, Herr Doktor, ganz falsch!“

„Was ist bitte falsch?“

„Na die Seite! Sie haben sie links gespritzt, dabei hat sie es doch rechts!“

Ich musste ein Lachen hinunterschlucken. Der Mann war noch Lokalbehandlungen gewohnt, wo man tatsächlich die entsprechende Körperstelle einreiben musste.

„Bei dem Mittel ist das wurscht“, schrie ich ihm ins Ohr, dass er es auch verstand. „Das kommt schon dahin, wo es hin muss!“

„Aha! Und wie lange kann der Bauer jetzt die Milch nicht liefern?“ Das wusste er noch, dass gewöhnlich nach Behandlungen die Milch für einige Tage weggeschüttet werden musste.

„Gar nicht. Das Medikament hat auf die Milch keine Wartezeit, nur auf das Fleisch. Aber da auch bloß acht Tage!“

„Warum ich frage?“

„Die Milch ist verwendbar. Und das Fleisch in acht Tagen!! Tage mit T!!!! So wie terrisch“, überanstrengte ich meine Stimme.

Der Traunergroßvater überhörte, kein Wunder, die Anspielung, stand nur da und schüttelte den Kopf: „Also, da gibt's doch immer was Neues. Ein Mittel, wo man die Milch hernehmen kann und das sogar noch weiß, auf welche Seite es muss.“

Die letzte Hilfe ist manchmal die erste

Und so beschloss ich, mir einen Revolver zuzulegen!

Und zwar, als ich vom Naglhof heimkehrte. Die vierjährige Norikerstute hatte dort nämlich ein veritables Geburtsproblem gehabt. Gegen halb eins in der Früh war ich gerufen worden, weil sie nicht „rössln“ konnte.

Pferdegeburten stellen immer ein diffiziles Problem dar, vor allem, wenn es sich um Kaltblüter handelte und eine gröbere Fehllage der Frucht vorlag. Weil nämlich oft die Anatomie einen Streich, und zwar einen üblen, spielte. Das Missverhältnis zwischen der Größe des Muttertieres sowie der des Fohlens und der Reichweite von Tierärztearmen kann erheblich sein. Wenn das Ungeborene zum Beispiel einen komplett nach hinten verschlagenen Kopf aufweist, ist es fast unmöglich, diesen zu greifen. Auch die in Lehrbüchern angeführte Methode, einen Halsstrick anzubringen, ist häufig von theoretischer Natur. Zuerst muss man erst einmal das dünne Seil um den Hals herumbringen und dann erhebt sich erst die Frage, ob es durch Zug daran gelingt, den Kopf mit der elendslangen Nase heranzuziehen. Immerhin liegt die Uteruswand dicht an und es besteht darüber hinaus die Gefahr, dass die Zähne des Fohlens diese aufschlitzen. Ebenso kritisch sind zurückgebogene Gliedmaßen zu beurteilen, da jedes Fohlen längere Beine hat als der Geburtshelfer Arme. Dazu kommt, dass eine Pferdegeburt, wie es die Natur prinzipiell vorsieht, rasch vonstattengehen muss, will das Jungtier eine Überlebenschance haben.

Ein Kaiserschnitt ist überdies unter Stallbedingungen nicht ratsam und der lange Transport an eine entsprechend ausgerüstete Spezialklinik unter normalen Bedingungen weder medizinisch noch ökonomisch sinnvoll.

Ich weiß, Geld ist bei leidenden Tieren ein schlechtes Argument, aber eine gewisse Wirtschaftlichkeit für den Besitzer spielt halt auch eine Rolle. Das ist in der Kleintierpraxis nicht anders.

Bei meinem Eintreffen am Naglhof, als ich mit Gummimantel und dem Geburtskoffer in der Hand in den Stall eilte, gefror mir beim Anblick der Stute das sprichwörtliche Blut in den Adern. Vier Hufe ragten aus der Schamspalte und wünschten mir keinen guten Morgen. Das war eindeutig eine Bauchquerlage!

Der Naglbauer fragte besorgt: „Glauben Sie, wir haben eine Chance?"

„Ich befürchte, nein.", lautete meine ehrliche Antwort, trotzdem schlüpfte ich in den Geburtsmantel, schmierte meine Hände mit Desinfektionsmittel ein und griff in die Stute. Unmöglich, das Fohlen zu wenden! Sobald ich ein Bein erfasste und versuchte, es nach hinten zu schieben, knickte es ein und der gesamte querliegende Körper bewegte sich dadurch keinen Millimeter. Und den Körper selbst zu erreichen, hätte nicht einmal ein Gorilla mit seinen langen Armen geschafft.

„Ich glaube, wir müssen das Pferd erlösen", keuchte ich vor Anstrengung.

Der Naglbauer nickte: „Das habe ich mir schon gedacht! Bei Ihrem Vorgänger hatten wir schon einmal dasselbe Problem!"

„Einschläfern?"

„Kommt nicht in Frage! Mein Bruder hat das einmal machen lassen, das hat überhaupt nicht funktioniert. Die Stute hat über zwanzig Minuten gebraucht, bis sie hinüber war!"

Das wunderte mich nicht. Denn für das medikamentelle Einschläfern eines Pferdes bedarf es eines Dreistufenplans. Zuerst eine Sedierung, dann ein Narkosemittel in hoher Dosierung und abschließend die Verabreichung des eigentlichen Tötungsmittels. Ich bin mir nicht sicher, ob jeder Tierarzt die benötigte Menge des Narkosemittels, und für ein Pferd braucht man eine ganze Menge, jederzeit parat hat. Ich bin sowieso ein Befürworter der Euthanasie von Großtieren durch Erschießen. Wenn man das richtig anstellt, bedeutet es meiner Ansicht nach die geringste Belastung für den Patienten, weil es augenblicklich geschieht.

Die Schwierigkeit war nur, jemanden mit einem Bolzenschussapparat um diese Uhrzeit aufzutreiben. Mittlerweile war es Viertel nach Zwei.

„Na ja, bis vier Uhr, wenn der Metzger anfängt, wird sie es noch durchhalten“, meinte der Naglbauer.

Ich schaute auf die Stute, die sich wieder niedergelegt hatte und von vergeblichen Wehen geplagt wurde. Noch fast zwei Stunden! Abgesehen vom Ergebnis war die Vorstellung nicht schön.

Und so beschloss ich auf der Heimfahrt, mir einen Revolver zuzulegen. Aber ich glaube, das hatte ich schon erwähnt.

Bevor man eine Waffe erwerben darf, braucht es entweder einen Jagdschein oder ein psychologisches Gutachten, wobei ich der Meinung bin, dass ein solches im ersten Fall oft auch nicht schaden könnte.

Da ich jedoch alles andere als ein Jäger war, benötigte ich den Psychologen. Ich ließ mir eine Liste der eingetragenen Sachverständigen zuschicken, ungefähr dreißig Namen, und siebte nach örtlicher und terminlicher Verfügbarkeit aus. Die nächstbeste Möglichkeit bot ein Seelenklempner in der Stadt Salzburg. Alleine im Verkehrsstau zu seiner Adresse hätte ich den Revolver schon gut gebrauchen können.

Der Beste setzte mich in einen abgeschirmten Raum vor einen Multiple Choice Test, auf dessen Bogen mehr als zweihundert Fragen zu beantworten waren, unter anderem, ob ich gerne Türschlösser reparierte. Obwohl sich mir der Sinn, was das mit einer Schusswaffe zu tun hatte, nicht erschloss, und ich gerne geantwortet hätte „Wenn ich es könnte, vielleicht“, kreuzte ich sicherheitshalber „Nein“ an.

Beim abschließenden persönlichen Gespräch fragte mich der Meister aller geistigen Störungen, ob ich die Waffe zum Selbstschutz brauchte.

„Hören Sie, ich bin mittlerweile fünfzig Jahre alt geworden, ohne so ein Ding verwenden zu müssen, ich benötige es zu rein veterinärmedizinischen Zwecken!"

Einige Wochen lang wartete ich auf das Gutachten, bis es mir schließlich zu dumm wurde und ich in der Psycho-Praxis anrief.

„Das haben wir Ihnen schon längst zugeschickt", lautete die Auskunft der weiblichen Bürokraft.

„Eingeschrieben?"

„Wir können nicht alles eingeschrieben versenden!", erklärte sie schnippisch.

Sehr lustig. Und wenn, einmal den blöden Fall angenommen, beispielsweise drinnen steht, dass ich nicht geeignet sein sollte, und das Gutachten landete, was bei der Verlässlichkeit unserer Post ja nicht aus der Luft gegriffen war, zufällig beim Nachbarn und der erzählte dann überall herum, dass man dem Tierarzt kein Schießeisen anvertrauen durfte, war das ein starkes Stück! Sozusagen Bruch des Berufsgeheimnisses!

„So schlimm wird es schon nicht sein", beschwichtigte die Dame am anderen Ende der Leitung.

Diese seelenruhige Ignoranz brachte mich auf die Palme: „Wie schlimm es ist, ist Powidl. Wenn nicht in aller Kürze das Schreiben bei mir gelandet ist, hat das Konsequenzen, verstanden!", schnauzte ich und legte auf.

Es war zwar gerade Kirschenzeit, aber die nun doch verschüchterte Tochter Evas dürfte offenbar registriert haben, dass solche momentan nicht gut mit mir zu essen wären, denn zwei Tage später hielt ich das Gutachten in der Hand und fiel aus allen Wolken.

Da stand doch tatsächlich drinnen, dass ich nur bedingt zur Führung einer Waffe befähigt sei. Begründung: Aufgrund meiner hohen Intelligenz – ich kann nichts dafür, so war der Wortlaut, und wer es partout nicht glaubt, kann das Schriftstück gerne einsehen – und meiner Bildung hätte ich auf sämtliche Fangfragen nur sozial erwünschte Antworten gegeben, wodurch der Zustand meiner psychischen Verfassung nicht endgültig beurteilbar wäre!

Also das schlug dem Fass den Boden aus! Es ist zwar prinzipiell erfreulich, Intelligenz von anderer Seite bescheinigt zu bekommen, aber das half mir in dem Augenblick wenig.

Nach einer deftigen Beschwerde beim Psychologenverband suchte ich mir den nächstbesten Seelenheini von der Liste und meldete mich dort an.

Da ich immer mit offenem Visier kämpfte, erzählte ich ihm auch von meiner letzten Erfahrung mit seinem Berufskollegen.

„Kommen Sie halt einmal vorbei!"

Er wirkte wesentlich sympathischer als sein Vorgänger und war auch moderner eingerichtet, da der Test auf einem Computer zu absolvieren war. Auch hier gab es Fragen wie „Haben Sie schon einmal in der Nase gebohrt?". No na, das hat vermutlich schon jeder und ein Tierarzt sowieso, wenn auch nicht dauernd in seiner eigenen, sondern beispielsweise in der einer Kuh, um einen eingedrungenen Fremdkörper zu entfernen.

Also gab ich „Ja" ein.

Auch diesmal fand ein abschließendes Gespräch statt und der Psychologe fasste mich fest ins Auge: „Sind Sie der Tierarzt, der die Bücher schreibt?"

Als ich bejahte, schüttelte er den Kopf, während er das ausgedruckte Testergebnis überflog. „Sie haben einen ausgeprägten Stresskoeffizienten! Vielleicht war das der Grund, weshalb sich der Kollege zu keiner anderen Beurteilung gewagt hat."

Dem war nicht zu widersprechen, woraus er das allerdings aus der Tatsache mit dem Nasenbohren erkannt haben wollte, war mir schleierhaft.

Da ich jedoch fürchtete, erneut zu scheitern, gab ich leicht gereizt zur Antwort: „Wenn ich jemanden umbringen will, genügt ein ordinärer Hammer!"

Dieses Argument, ein wahres Hammerargument, überzeugte ihn.

Er unterschrieb das nunmehr positive Gutachten, gab mir aber, während er es mir in die Hand drückte, den Rat: „Entspannen Sie sich mehr, treffen Sie sich öfters mit Freunden, lesen Sie, aber treten Sie auf jeden Fall kürzer!"

Da ich am Nachmittag noch zum Leitenbauern musste, auf dessen ebenso schiefen wie glitschigen Bodenbrettern man sich ohnehin nur mit Trippelschritten fortbewegen konnte, versprach ich es reinen Herzens.

Mit dem Gutachten ausgestattet, wartete ich in der nächsten Woche eine geschlagene Stunde auf der Bezirkshauptmannschaft, Referat Waffenscheine, sah dann schon leicht nervös zu, wie der Sachbearbeiter die zuvor im Erdgeschoß, Abteilung Stempelmarken, gekauften (noch einmal eine Viertelstunde) Stempelmarken umständlich aufklebte und mir das Dokument ausfertigte. Mein Foto, das den Waffenpass zierte, brachte mich nach kurzer Betrachtung zu der Überlegung, dass man Leuten, die so aussahen, besser keine Waffe anvertrauen sollte, aber da der Referent sich nicht daran stieß, sollte es mir auch Recht sein. Ich stopfte den Ausweis in meine Brusttasche.

Da ich ja sowieso im Ort war, marschierte ich in das nicht weit entfernte Jagdgeschäft und bestellte mir einen Revolver mit ausreichendem Kaliber. Revolver deshalb, weil sie zuverlässiger sind als Pistolen!

Einige Tage später holte ich den Smith & Wesson Magnum, Kaliber 9 Millimeter, ab und verstaute ihn im ebenfalls erworbenen Waffensafe.

Dort fristete er zum Glück mehrere Jahre ein friedliches Dasein, bis der Altbauer vom Haubnerhof anrief, seine Norikerstute habe eine schwere Kolik.

Am Haubnerhof herrschten merkwürdige Zustände. Seit der Übergabe an den Sohn bestand eine gewisse Gütertrennung. Der Junior hatte mit Rössern nichts im Sinn, deshalb hatten die Alten sich das Recht am Rossstall gesichert. In dem einstmals größeren

Holzgebäude, welches zu früheren Zeiten vier Pferde beherbergt hatte, lebte nur noch die Rosl als letzter Abkömmling einer kontinuierlichen Zuchtlinie, die aus dem achtzehnten Jahrhundert zurückging. Darauf konnte der Haubnerbauer ebenso stolz sein wie auf die zahlreichen Auszeichnungen, die er und seine Vorfahren vom Norikerverband deshalb bekommen hatten. Viele Plaketten, Fotos von Pferden, die älteren noch in Schwarz-Weiß, und antike Kummets schmückten den langgestreckten Hausflur des ehrwürdigen Bauernhauses.

Aber als ich die Rosl zu Gesicht bekam, schwante mir schon, dass es mit der Tradition zu Ende gehen würde.

„Seit wann hat sie das?", fragte ich.

„Vor ungefähr zwei Stunden hat es angefangen! Da hat sie sich ein paar Mal gewälzt. Und seither legt sie sie sich gar nicht mehr nieder! Gemistet hat sie auch nicht!"

Die Stute war auch nicht mehr die Jüngste, aber so, wie sie jetzt dastand, mit leicht aufgetriebenem Bauch, eingefallenen Augen und schweißglänzendem Haarkleid bot sie ein Bild des Jammers.

Zuerst tastete ich nach der Arterie am Unterkieferast und der Halsvene. Der Kreislauf war im Keller, obwohl der Stall gar keinen besaß, die Lidbindehäute zeigten eine dunkelrot-graue Verfärbung, man spricht in so einem Fall von „Verwaschen", und Darmgeräusche waren durch die Bauchwand keine zu hören. Als ich den Arm zuerst mit Gel schlüpfrig machte und ihn vorsichtig in das Rektum des zitternden Tieres schob, war keine Spur von Kot vorhanden, nur einige geblähte Darmschlingen.

„Das ist keine gewöhnliche Kolik", erklärte ich dem Haubnerbauern senior und seiner Frau, die sich aus Sorge um das Pferd inzwischen zu uns gesellt hatte, „das schaut ganz nach Darmverschluss aus!"

Ich wusste, sollte ich mit meiner Diagnose Recht behalten, würde das den Tod des Tieres bedeuten. Rosl rasch in eine Spezialklinik zu bringen, war ausgeschlossen. Erstens würde sie in ihrem Zustand den Transport dorthin nicht überleben, zweitens schwammen die alten Haubners als Austragsbauern nicht in Geld, drittens war die Frage, ob die Klinik noch etwas ausrichten würde. „Kann man gar nichts tun, Herr Doktor", fragte die Bäuerin.

„Vielleicht ist es nur ein funktionaler Verschluss", sagte ich, obwohl ich es innerlich besser wusste, aber ich wollte noch einen letzten Versuch wagen. Das hatte sich die treue Rosl verdient. „Wenn es sich nur um einen Darmkrampf handelt, kann es sein, dass man die Sperre mit Medikamenten lösen kann, wenn aber eine Darmverschlingung vorliegt, haben wir schlechte Karten. Ich gebe ihr jetzt auf jeden Fall eine Infusion, die ihr für die nächsten Stunden den Schmerz lindert und den Kreislauf in die Höhe fährt!"

Rosl zuckte nicht einmal beim Einstich der Nadel, und als beide Flaschen leer waren, verabschiedete ich mich: „Keine Sorge, ich schau heute noch einmal vorbei!"

Die Liste der Abendvisiten war ausgiebig, und als ich, wie versprochen, erneut zum Haubnerhof fuhr, war es schon finster, aber im Rossstall brannte noch Licht. Das war kein gutes Zeichen! Die beiden Haubners standen verloren vor ihrer Stute und schüttelten den Kopf: „Es hat sich nicht viel geändert! Nur das Zittern ist nicht mehr so stark!"

Klar, das war noch die Nachwirkung der Infusion. Ich führte nochmals eine Rektaluntersuchung durch und jetzt war die Anschoppung des gedrehten *Colon ascendens* deutlich zu spüren.

„Tut mir leid! Der Darmverschluss ist ein mechanischer! Wir müssen Rosl erlösen!"

„Ja, wenn es sein muss, dann muss es sein.", sagte der Haubner, während sich seine Augen mit Tränen füllten.

Ich ging zum Auto und holte den Revolver aus der versperrten Schublade des schweren hölzernen Medikamentenkastens.

Die Bäuerin wandte sich schluchzend ab und zu Haubner sagte ich: „Lassen Sie das Halfter aus und gehen Sie zurück. Die Rosl macht sowieso keinen Schritt mehr."

Ich setzte die Mündung des Smith & Wesson direkt an der Stirne der Stute an und drückte ab. Der Krach des Schusses erfüllte den Raum, Rosl brach wie vom Blitz getroffen zusammen, schlug noch zwei Mal mit den Hufen und lag dann still. Es war vorbei.

Während ich den Revolver noch in der Hand hielt, als sei er ein ekeliges Ding, was er im Prinzip ja war, sagte ich mit belegter Stimme: „Morgen früh rufen Sie die Tierkörperverwertung an, damit die die Rosl abholt. Ich fülle einen Sektionsantrag aus und faxe ihn dorthin. Immerhin will ich die Bestätigung, dass wir nicht falsch gehandelt haben!"

Der Haubnerbauer schaute auf den leblosen Pferdekörper, wie er jetzt friedlich und schmerzfrei im Stroh lag, und nickte.

Als ich den Hof verließ, sah ich im Rückspiegel vor der erleuchteten Stalltür die Silhouette des alten Ehepaars und wie er den Arm um die Schultern seiner Frau gelegt hatte.

Es war ein rührendes und gleichzeitig unendlich trauriges Bild.

Wie es der Teufel haben wollte, hatte der Haubner junior am kommenden Tag eine Besamung. Gerade, als ich auf den Hof einfuhr, stand der Laster der TKV da und schwenkte den Krahnarm mit dem Kadaver von Rosl durch die Luft, um ihn im nächsten Moment in den Container plumpsen zu lassen. Der Aufprall klang wie ein Abschiedsgruß.

„Gott sei Dank ist der unnütze Fresser weg", lautete der Kommentar des Jungbauern.

Ich dachte an die Abschiedsszenerie seiner Eltern am Vorabend und entgegnete schroff: „Es gibt Dinge im Leben, die man nicht mit Geld berechnen soll. Aber das werden Sie vielleicht auch noch lernen."

Der junge Haubner schaute mich völlig überrascht an. So einen Ton hatte ich ihm gegenüber noch nie angeschlagen.

Das Ergebnis der Obduktion bestätigte mich vollinhaltlich: *Torsio duodeni*, Stauungsnekrose mit Fibrinausschwitzung! Also Prognose infaust. Das heißt aussichtslos.

Ich bemühte mich nochmals zu den alten Haubnerbauern, um ihnen den Sektionsbericht zu zeigen.

Der Haubner nickte mit dem Kopf und der Wind blies ihm dabei eine schlohweiße Strähne in die Stirn: „Dann haben Sie der Rosl also wirklich die letzte Hilfe angedeihen lassen. Vielen Dank, Herr Doktor!"

„Die letzte Hilfe ist oft die erste!" Ich hatte da so meine leidvolle Erfahrung.

Nicht mehr ganz so Flex-ibel

„Ich muss Ihnen noch was zeigen, Herr Doktor!“, meinte der Hinterstoffl, nachdem ich vier seiner Kälber die Hornknospen, natürlich unter strikter Betäubung, ausgebrannt hatte.

Da ich sowieso warten musste, bis der Enthornungsstab soweit ausgekühlt war, dass ich ihn wieder im Kofferraum verstauen konnte, folgte ich ihm brav, wie ein dressierter Pudel. Wir gingen die lange Reihe der Kuhschwänze entlang, der Hinterstoffl hatte zwischen fünfzig und sechzig Milchrinder, und als wir am anderen Ende des Stalles angelangt waren, drehte er sich um und vollführte mit dem Arm eine weit ausholende Bewegung: „Das kommt alles raus über den Sommer, sobald die Tiere auf der Alm sind“, erklärte er, „ich stelle auf Laufstall um, die eine Längswand kommt weg und dafür ein großer Anbau hin.“

In jedem Chinarestaurant findet sich eine Speise, die mit süß-sauer charakterisiert ist. Ich wette, mein Gesichtsausdruck hätte angesichts dieser Ankündigung in jedes dieser Lokale gepasst. Ich konnte die allgemeine Begeisterung über Laufställe nicht so ohne Weiteres teilen. Gewiss, Laufstall klingt gut und hat auch bestimmt seine Vorteile, aber ich kenne auch die entscheidenden Nachteile. Ich hatte schon mit Verletzungen zu tun, die in der herkömmlichen Anbindehaltung mehr oder weniger unbekannt waren. Kühe, die ausgerutscht sind und sich einen Muskelriss zugezogen haben, Kühe, die spontan ohne vorherige Anzeichen gekalbt hatten und wo dann die anderen auf das Neugeborene gestiegen sind, und kranke Rinder, die sich nicht und nicht in das Absperrgatter locken ließen. Normalerweise bringt man sie durch Einstreuung von Kraftfutter dazu, den Kopf in das selbstschließende Metallgestänge zu stecken, aber das funktioniert bei einer Kuh, die an völliger Appetitlosigkeit leidet, überhaupt nicht. Des Öfteren musste ich eine geschlagene Viertelstunde warten und dabei zuschauen, wie der Bauer die widerspenstige Patientin unter Fluchen und Schimpfen dauernd im Kreis herumtrieb, bis er sich endlich dazu entschloss, sie mit einem Strick einzufangen und irgendwo zu fixieren. Auch das gelang ihm manchmal erst nach mehreren Anläufen.

Nun ist die Bequemlichkeit des Tierarztes nicht das vorherrschende Kriterium im Austausch zum Tierwohl, aber an eine eigenständige Behandlung in Abwesenheit des Besitzers, wie sie in einer Anbindehaltung durchaus möglich war, war da nicht zu denken. Weil Kühe bekanntlich keineswegs dumm sind, die Redensart „dumme Kuh“ ist so was von deplatziert, und sich von einem Fremden, vor allem, wenn es sich um den Tierarzt handelt, der ihnen wiederum so gar nicht fremd, sondern aus Erfahrung nur allzu gut bekannt ist, schon gar nicht in die Falle ködern lassen.

Trotz dieser Bedenken äußerte ich ein Lob: „Sehr schön!“

„Nicht wahr?“ Der Hinterstoffl schwappte über vor eigener Begeisterung: „Da hinten kommt der automatische Melkstand hin, computergesteuert, dort der Futterautomat, ebenfalls computergesteuert, und da rechts die Abkalbebox, natürlich videoüberwacht.“

In mir digitalem Neandertaler reifte die Überzeugung, dass es langsam höchste Zeit war, in Pension zu gehen. Die alten Ställe meiner Kindheit und der früheren Praxisjahre verschwanden einer nach dem anderen und waren doch so heimelig gewesen.

Dort herrschte innerhalb der hundertjährigen Holzwände ein angenehm trockenes Klima, trotz der kleinen Fensteröffnungen war es im Winter nicht kalt, in den wärmeren Jahreszeiten nicht zu warm und den Sommer über waren die Tiere ohnehin auf den Almen.

Wenn man so einen Raum betrat, erschnupperte man noch den letzten süßlichen Hauch von Milch seit der letzten Melkung, die schärfere Ausdünstung nach Pferdeharn und den prägnanten Geruch der zwei Schweine in ihrem Kobel.

Dazu kam der Duft von frischem Heu oder Gras, das Summen der unvermeidlichen Fliegen, an den Mauerecken klebten die Schwalbennester und wenn draußen auf dem Misthaufen noch die Hühner gackerten und scharrten, war die Welt für einen notorischen Nostalgiker wie mich vollkommen in Ordnung.

Natürlich ist Romantik die eine Seite und die Wirtschaftlichkeit eine andere, trotzdem beobachtete ich mit Wehmut, dass immer wieder solche kleinen Höfe den Betrieb aufgaben und ihre Felder verpachteten, weil der Nachwuchs fehlte.

Beim Hinterstoffl war die Gefahr nicht gegeben, er hatte zwei Söhne und zwei Töchter, von denen mit Sicherheit irgendwer die Bewirtschaftung fortsetzen würde, aber dazu musste er oder wollte er eben modernisieren.

„Jetzt kommt's aber", grinste der Bauer und zeigte auf seine Herde, „die müssen bis zum Herbst alle enthornt werden!"

Ich fuhr wie von der Tarantel gestochen hoch: „Sie glauben doch nicht im Ernst, dass ich allen Kühe die Hörner absäge. So viele hätte nicht einmal der Schwarzenegger zu seiner besten Zeit geschafft!" Außer im Film, dachte ich, aber dafür bot die Sache zu wenig „Äktschn". Vielleicht hätte er aber die Hörner einfach mit einem Maschinengewehr heruntergeballert.

„Keine Sorge! Da stell' ich schon eine schlagkräftige Mannschaft zusammen. Sie brauchen lediglich die Narkosen machen. Zuerst kommt die erste Hälfte dran und ein paar Tage später die zweite!»

Das klang zwar einigermaßen praktikabel, rief bei mir aber noch immer keine Begeisterungsstürme hervor. Die Arbeit selbst war eine hässliche und zirka fünfundzwanzig Rinder auf einen Schlag zu betäuben, stellte eine verantwortungsvolle, aber ebenso stupide Tätigkeit dar.

Die Hörner werden nämlich mit der Ließ'schen Säge abgesetzt, die aus einem biegsamen Draht besteht, an dessen beiden Enden Haltegriffe montiert werden. Durch rasche Sägebewegungen frisst sich das Metall durch die Hornscheide und den Knochenzapfen.

Da das Sägen sehr schnell erfolgen muss, um Blutungen weitgehend zu vermeiden, ist das höchst anstrengend. Die Arme erlahmen, die Finger verkrampfen und mehr als vier Hörner auf einmal schafft da kaum jemand.

„Wie wäre es denn gleich am Montag?"

„Donnerstag", verbesserte ich. Da war nämlich die nächste Viehversteigerung in Maishofen und somit viele Bauern dort. Deshalb zählten diese Tage eher zu den ruhigen, die Hauptvisitentätigkeit begann dann erst gegen Abend für mich, wenn alle wieder daheim waren.

„Na schön, dann eben Donnerstag!" Zu meiner Verblüffung ging der Hinterstoffl sofort auf den Vorschlag ein. Normalerweise besaßen immer die Bauernkammer, der Futtermittelhändler, die Holzarbeit, der Zahnarzt oder andere Verpflichtungen Priorität. Der Tierarzt, sofern es sich nicht um einen Notfall handelte, durfte sich gewöhnlich hinten anreihen und die terminlichen Brosamen aufklauben.

Als ich am besagten Donnerstag den Stall betrat, eine ganze Schachtel Karton mit Narkosemittel unter den Arm geklemmt, war die Truppe schon versammelt. Vier Mann hoch, darunter der Bruder vom Hinterstoffl, sein Schwager, beide Mitglieder der Freiwilligen Feuerwehr, und zwei andere Burschen, die auch einen zupackenden Eindruck machten.

Was meine Zuversicht jedoch etwas dämpfte, war die Bierkiste, die der Hinterstoffl zur allgemeinen Stärkung auf den Futtergang gestellt hatte, und die bereits zu mehr als der Hälfte leer war.

„Wollen Sie auch eines", fragte der Bruder und hielt mir eine Flasche entgegen.

„Nein, besten Dank", wehrte ich ab.

„Vielleicht lieber einen Enzian?" Der Schwager zog eine flache Glasflasche aus der Gesäßtasche.

„Leutl'n", schnaubte ich, „es ist erst halb elf und wir sind nicht da, um eine Sauforgie zu veranstalten!"

Die Hilfskräfte schauten mich voll Unverständnis an. Offenbar hatten sie eine ganz andere Vorstellung von einer Sauforgie als ein paar Bier und Schnäpse auf nüchternen Magen.

„Können wir jetzt anfangen?"

„Immer", sagt der Hinterstoffl großzügig und erklärte die Veranstaltung für eröffnet.

Ich hatte vor, die Kühe in kleinen Tranchen zu narkotisieren, damit die letzten nicht schon wieder munter waren, bevor sie an die Reihe kamen. Zuerst ließ ich mir einige Tiere mittels Schwitzkastengriffes fixieren und sedierte sie, um sie ruhigzustellen. Sobald sie auf leicht schwankenden Beinen standen und die Ohren hängenließen, wanderte ich von Kopf zu Kopf und injizierte mit einer langen Nadel das Lokalanästhetikum in die Knochenrille zwischen seitlichem Augenwinkel und der Hornbasis. Dort verläuft der *Nervus cornealis*, der zur endgültigen Schmerzausschaltung betäubt werden muss. Nach einigen Minuten Wartezeit packte dann ein Helfer die Kuh mit der Nasenzange und hielt das zu entfernende Horn fest, während ein zweiter die Drahtsäge um den Hornansatz dicht am Schädel führte und mit schnellen, kraftstrotzenden Zügen werkte, wie ich es zuvor demonstriert hatte. Nach nicht einmal fünfzehn Sekunden klatschte das Horn auf den Boden, die Kuh hatte nicht das Geringste gespürt. Ich war zufrieden. Anschließend wurde die Seite gewechselt und ein weiteres Horn fiel wie Herbstlaub. Bevor wir zum nächsten Tier schritten, tauschte ich geschwind die Säge aus, weil sich immer Knochenmehl in den gedrillten Drähten ansammelte und die Schneidefähigkeit verminderte.

Die nachfolgende Partie wurde ebenso problemlos absolviert, die Männer wechselten sich ab und arbeiteten bemüht, aber nach ungefähr zwanzig Kühen merkte man ihnen doch die Anstrengung an. Das Keuchen wurde lauter, die T-Shirts zunehmend verschwitzter und die Stirnadern traten stärker hervor. Auch die Bewegungen wurden langsamer, was zur Folge hatte, dass die Hornstümpfe vermehrt bluteten. Das schnelle Sägen hat nämlich auch den Sinn, durch die Reibungshitze die winzigen Äderchen zu veröden. Nun aber spritzten hauchfeine Blutstrahlen, völlig ungefährlich, aber lästig, weil man sie kaum sah, meterweit durch den Stall. Das Ganze besaß eine gewisse Ähnlichkeit mit den Wasserspielen von Hellbrunn, bei denen man auch nicht weiß, aus welcher Richtung man plötzlich nass wird, bis man es spürt. Dagegen gab es jedoch ein simples Mittel.

Ich steckte das eine Ende eines spitzen Zahnstochers, von denen ich einen Vorrat im Schraubverschlussglas mit mir herumtrug, in die winzigen Gefäßöffnungen und knickte das restliche Holz ab. Der Zahnstocherstumpf verschließt das Loch, quillt in der Feuchtigkeit auf und wandert im Zuge des Heilungsprozesses wieder heraus. So stoppt man diese Blutungen auf elegante Art und Weise. Es waren schließlich nur mehr sechs Rinder übrig, als die Hinterstofflbäuerin im Stall erschien und verkündete, das Mittagessen wäre fertig.

„Moment!" Ich stemmte mich der hungrigen Horde entgegen: „Die restlichen machen wir schon noch fertig!"

Schlagartig wurde mir klar, welche Sympathien damals einem altägyptischen Sklaventreiber auf den Pyramidenbaustellen entgegengebracht worden sein mussten.

Aber ich blieb hart und der Hinterstoffl sekundierte: „Kommt schon, Burschen, so kurz vor dem Ziel werdet Ihr doch nicht schlappmachen!"

„Du hast leicht reden! Du hast am wenigsten von uns gearbeitet", maulte sein Bruder, schnappte sich aber doch wieder die Säge.

Nachdem auch diese letzte Runde beendet war, meinte der Hinterstoffl aufgekratzt: „So, jetzt nur mehr der Stier!"

Damit hatte er jedoch den Bogen überspannt!

„Weißt Du was", erklärte sein Bruder, offensichtlich der selbsternannte Rebellensprecher.

„Du kannst uns für heute am Arsch lecken!" Auch der Rest der Truppe machte eher den Eindruck, wenn sie noch etwas abschneiden müssten, würde es etwas vom Hinterstoffl sein. Meuterei lag eindeutig in der Luft.

Kein Wunder nach all der Schinderei. Der Stier wog fast eine Tonne und besaß Hörner, die an ihrer Basis mindestens zehn Zentimeter Durchmesser hatten.

„Geh, war doch nur Spaß", lachte der Hinterstoffl gekünstelt, „marschiert Ihr nur ruhig in die Küche, den Stier übernehmen der Doktor und ich!"

„Wie bitte?", entfuhr es mir.

„Klar, das machen wir einfach mit der Flex!"

„Mit der Trennscheibe?" Ich war höchst skeptisch. Auf der Uni war uns zwar gelehrt worden, dass es damit auch funktionieren würde, ich hatte mit dem Gerät aber noch nie gearbeitet und die Methode schien mir nicht ganz ungefährlich zu sein. Einmal abrutschen und das Tier hatte eine schwere Verletzung.

„Mach, was Du willst, uns reicht's!"" meinte der Bruder und die anderen nickten zustimmend.

Während sie den Stall verließen, hatte der Bauer die Flex geholt. Ich umklammerte den betäubten Stier am Horn und betete im Stillen für meine Finger. Mit einem schrillen Kreischen fraß sich die Metallscheibe in das Gewebe. Der Stier grummelte zwar, wahrscheinlich weil er den Lärm an seinem Ohr auch im Dämmerzustand wahrnahm, hielt aber still.

Wir waren in eine Wolke weißen Horn- und Knochenstaubes eingehüllt.

„Wie geht es?", fragte ich, da ich nichts sehen konnte.

„Gut, gut", hustete der Hinterstoffl.

Als er fertig war, sah der Stier aus wie ein Clown und wir beide wie zwei Mehlsäcke.

„Na, das geht doch prima!", strahlte der Bauer. „Das machen wir nächste Woche bei der anderen Partie genauso!"

„Na Prost!", murmelte ich und klopfte mir notdürftig den Staub ab, ehe ich ins Auto stieg. „Dann bis nächste Woche!"

Aber schon nach drei Tagen musste ich wieder auf den Hinterstofflhof.

„Dem Stier rinnt der Eiter fingerdick aus den Hornlöchern und fressen tut er auch nichts“, hatte der Bauer am Telefon mitgeteilt.

Es war leicht erklärbar. Der verdammte Staub hatte die Stirnhöhlen verstopft und dort eine Entzündung verursacht. Das bedeutete eine erneute Narkose und die lauwarme Spülung mit einer milden Kresollösung.

Da das Tier auch leichtes Fieber hatte, gab ich ihm zusätzlich eine Antibiotikuminjektion.

Zwei Mal musste ich die Prozedur im Verlauf der nächsten Tage wiederholen, dann hatte die Eiterung ein Ende und der Stier war wieder gesund.

Aber als ich in der darauffolgenden Woche beim Hinterstoffl erschien, um die elende Enthornungsaktion fortzusetzen, fand ich zu meiner Überraschung wieder eine Bierkiste im Futtergang und darum herum versammelt die Mannschaft vom letzten Mal.

„Nanu“, konnte ich zwar ein Grinsen unterdrücken, jedoch nicht das Wortspielchen: „Sind wir heute nicht mehr so Flex-ibel wie beim Stier?“

Der Hinterstoffl produzierte eine wegwerfende Handbewegung und ebenfalls ein Wortspielchen, welches ich ihm gar nicht zugetraut hätte: „Nein! Die Flex ist ex!“

Das böse Anführungszeichen!

„Das ist ja furchtbar! Wie kann denn ein Tierarzt so eine Meinung haben?“, fragte mich Frau Berger vorwurfsvoll, als ich auf dem Reiterhof vorfuhr, um mir Yellowstone, ihren Wallach, der seit zwei Tagen lahmte, anzuschauen.

Und Herr Köstinger, der gerade im Begriff war, seine kastanienbraune Stute von der Koppel in den Stall zu führen, näherte sich mit maliziösem Gesichtsausdruck und sagte: „Ich habe bis heute immer gedacht, Tierärzte sind Anwälte der Tiere und nicht der Bauern!“

Ich war einigermaßen irritiert. Hatte ich was verpasst?

Ich hatte. Aber zuerst galt meine Aufmerksamkeit dem Wallach. Nachdem ich bei Yellowstone eine harmlose Zerrung diagnostiziert und warme Heublumenbäder verordnet hatte, läutete das Handy. Ein Herr Walenti vom Tiernotwerk Tschaguns gab sich zu erkennen: „Herr Doktor, entschuldigen Sie bitte die Störung, aber wir hätten gerne Ihre Hilfe!“

„Ist es nicht ein bisschen weit nach Vorarlberg“, fragte ich und musterte dabei die im Sonnenlicht liegenden Gebirgsketten rings um das Gasteinertal, die sich schön langsam auf den kommenden Almsommer vorbereiteten.

„Nein, nicht wie Sie denken! Es geht um Folgendes!“ Herr Walenti setzte mich kurz in Kenntnis. „Eine trächtige Norikerstute war auf einer feuchten Weide in einen Drainagegraben geraten und dort steckengeblieben. Da der Untergrund zu weich war, konnte die gerufene Feuerwehr mit ihrem schweren Kranwagen nicht die Wiese befahren. Also griff der Bauer kurz entschlossen – ich weiß nicht, warum man Alemannen gerne eine gewisse Bedächtigkeit nachsagt – zur Selbsthilfe. Er startete den Traktor, warf dem Pferd ein Seil um den Hals, befestigte es am Heck des Fahrzeuges und zog die Stute solcherart aus der Grube.

Als das Tier schließlich auf dem Feld lag, lebte es, war jedoch ein bisschen querschnittgelähmt und musste euthanasiert werden. Das ORF-Landesstudio hatte diese Bergungsaktion in Wort und Bild gesendet. Als Nächstes erschien das Gesicht des zuständigen Amtstierarztes vor der Linse, der als Erstes bekundete, dass also eine Tathandlung nach dem Strafrecht von vornherein ausscheiden würde! Schließlich wollte der Landwirt dem Tier nicht schaden, sondern helfen! Was sagen Sie dazu?"

„Ja, sagte ich, „eine bedenkliche Aussage! Aber was soll ich in dieser Causa tun?"

„Sie schreiben doch seit Jahren eine Tierarztkolumne in der Zeitschrift ‚Die Ganze Woche'! Vielleicht könnten Sie den Fall aufgreifen. Dieser Amtstierarzt ist zwar, wie man so schön sagt, amtsbekannt, genießt aber politische Unterstützung! Dem kommt man nicht so leicht bei!"

„Ich werde mir den Beitrag heute ansehen", versprach ich.

„Genau, tun Sie das, Herr Doktor", ereiferte sich Frau Berger, die das Gespräch mit großen Ohren mitverfolgt hatte, „so eine Aussage ist doch die reinste Sauerei! Ein Amtstierarzt, der in so einer Sache den Bauern in Schutz nimmt!" Mittlerweile hatten sich noch einige Pferdebesitzer zu uns gesellt und bestätigten mit empörten Mienen das Gesagte.

Ich schlüpfte dem hippologischen Mob durch die Arme und nahm mir vor, das Ganze selbst per Mediathek des ORF kritisch zu überprüfen. Aber als ich am Abend das Video sah, stieß es mich fast aus den Socken. Der Amtstierarzt erwähnte in dem Beitrag tatsächlich bloß die nicht vorhandene Strafwürdigkeit, was alleine schon durch das StGB mit dem Paragraphen „bedingter Vorsatz" nicht stimmte, es folgte aber nicht einmal die Erwähnung, dass die Handlung zumindest mittels Verwaltungsgesetzes des Tierschutzes zu ahnden wäre.

Ich hielt diese Stellungnahme daher für eine glatte Ohrfeige im Sinne aller bemüht praktizierenden Tierärzte, da sie, so wie sie für den Zuseher rüberkam, keine Konsequenzen bedeutete,

Pferd Pech gehabt. Ich setzte mich erbost auf den Hosenboden und klopfte am Wochenende den Artikel in die Tasten, in dem ich u. a. formulierte: „Gratuliere, Herr ‚Kollege', solche Amtstierärzte braucht das Land!" Die Apostrophe setzte ich aus dem Grund, weil er meiner Meinung nach das Image des Tierarztes in der Öffentlichkeit beschädigt hatte, was ich eben als unkollegial empfand. Ich handelte aus tiefster Überzeugung, das Recht dazu zu haben. Zur Sicherheit rief ich am Montag noch bei „meiner" Standesvertretung an, um mit dem Kammerjuristen Rücksprache zu halten. Der wäre gerade in einer Besprechung, wurde mir dort bedauernd beschieden.

„Kein Problem", versicherte ich, „ich hinterlege meine Telefonnummer und bitte bis Donnerstag um Rückruf!"

Die Besprechung durfte ziemlich lang gewesen sein, denn sowohl der Montag als auch der Dienstag vergingen, ohne dass sich wer bei mir meldete.

Deshalb nahm ich am Mittwoch einen erneuten Anlauf.

„Ach, hat er Sie nicht kontaktiert?"

„Nein", erklärte ich mittlerweile einigermaßen sauer, „sonst hätten Sie mich jetzt nicht erneut an der Strippe!"

„Ich werde es ihm ausrichten!"

Ich wartete bis Donnerstagabend, und da der Artikel spätestens Freitag früh in der Redaktion sein sollte, schickte ich ihn halt ab.

Am nächsten Montag rief ich wieder in der Tierärztekammer an und beschwerte mich vernehmlich darüber, dass, wenn man als Zwangsmitglied einmal etwas brauchte, sich kein Mensch dazu bequemte, der Bitte nachzukommen. Aber Beiträge kassieren, das ginge schon.

Daraufhin erhielt ich zwar am nächsten Tag den länger entbehrten Rückruf, aber da die Sache sowieso schon über die Bühne gegangen war und ich gerade wieder bis zur Schulter in einem Kuhhintern steckte, ergo ebenso beschäftigt wie sauer war, ging ich nicht ran.

Dass ich wegen der an den Tag gelegten Laschheit der Kammer in Bälde tatsächlich im sprichwörtlichen Arsch sein würde, konnte ich damals noch nicht wissen.

Einige Tage nach Erscheinen des Artikels erreichte mich ein wütendes Schreiben des Herrn Amtstierarztes, worin er sich über meine geäußerten Ansichten zu seiner Person echauffierte, mir in endlosen Tiraden versicherte, dass er nach dem Tierschutzgesetz sogar die Höchststrafe gefordert hatte, und mir ein mieses Verhalten vorwarf, weil ich nicht zuerst mit ihm gesprochen hatte. Das einzig Freundliche in seinem Schreiben war, dass er jedoch nicht beabsichtigte, mich deshalb bei der Kammer oder bei meinem „Brötchengeber" – manche Beamte können sich einen Selbstständigen ohne „Brötchengeber" nicht vorstellen – anzuzeigen.

Karin, die das Video auch gesehen hatte und der ich den Brief zu lesen gab, sagte nur: „Ein unsympathischer Kerl!"

Da der Schaden in der allgemeinen Meinung jedoch bereits eingetreten war und ich im Übrigen Wichtigeres zu tun hatte, als mich auf eine mühsame Korrespondenz einzulassen, verzichtete ich auf eine Antwort und legte den Brief ad acta.

Ein grober Fehler! Das Ego eines solchen Menschen verträgt es nicht, wenn man ihm keine übergebührliche Aufmerksamkeit schenkt. Ein halbes Jahr später erhielt ich von der Tierärztekammer ein Einschreiben, in dem ich dazu aufgefordert wurde, zu dem Fall Stellung zu beziehen. Das konnten sie haben. Ich schilderte auf drei Seiten die Lage der Dinge, die Reaktion des Publikums und die Tatsache, dass es mir darum gegangen war, im Interesse der übrigen Tierärzteschaft zu zeigen, dass wir Tierquälerei sehr ernst nehmen.

Damit hielt ich die Angelegenheit für erledigt. Bis mich nach weiteren Monaten die Vorladung erreichte, ich müsste mich vor dem Disziplinargericht der Kammer in Wien einfinden.

„Sind die völlig bescheuert", explodierte ich, aber es half nichts. Ich sperrte die Praxis zu und fand mich mit meinem

Cousin Herwig, seit Jahren mein verlässlicher Rechtsberater, zu dem Termin ein. Er schritt an meiner Seite wie ein Trauzeuge zu einer Hochzeit, die keiner haben wollte.

Das Gericht bestand aus einer Richterin und zwei Beisitzern, einem als Vertreter der Universität und Kleintierpraktiker, dem anderen als Großtierpraktiker und der Disziplinaranwältin, sozusagen der Staatsanwalt. Die Dame trug ein Lederkleid, das an allen Enden, von Ecken konnte bei ihr nicht die Rede sein, spannte und in mir die Assoziation eines Chesterfieldsofas erweckte, bei dem die Polsterung aufgeplatzt war.

Sie trug die Anklagepunkte akribisch vor. Erstens hatte ich mich schuldig gemacht, einen Tierarzt als Kollegen unter Anführungszeichen zu apostrophieren, was einer Herabwürdigung gleichkam, zweitens sei es mir nicht um Tierschutz gegangen, sondern um eine Werbeplattform meinerseits, drittens hätte ich die Kammer durch üble Nachrede im Ansehen geschädigt.

Anschließend nahmen mich die Beisitzer ins Kreuzverhör.

Warum ich denn nicht in einer nachfolgenden Kolumne meine Anschuldigung gegen den Amtstierarzt berichtigt hätte, nachdem er mir ja schriftlich versichert habe, dass er gemäß dem Tierschutzgesetz gehandelt hätte.

Ich kochte innerlich: „Erstens betreibe ich keine Werbung in eigener Sache, ich, der ich nicht einmal eine Webseite besitze und das auch nicht nötig habe, zweitens hat mich die Kammer nachweislich eine Woche lang im Stich gelassen und ich ahnte nicht, dass berechtigte Kritik an Institutionen öffentlichen Rechts in diesem Staat schon wieder unter Strafe gestellt ist, und drittens wusste ich ja nicht, ob die Behauptung des Amtstierarztes, nach dem Tierschutzgesetz vorgegangen zu sein, der Wahrheit entspricht, da er ja auch angekündigt hat, keine Anzeige gegen mich zu erstatten."

Allgemeines Getuschel war die Folge.

Als mein Cousin den Laptop auspackte und dem Gericht das Video vorspielte, begannen einige der Anwesenden zu schlucken, vor allem bei der Szene, als die Stute stranguliert wurde. Ich dachte schon, dass sich die Waagschale zu meinen Gunsten neigen würde, aber, elftes Gebot, Du sollst Dich nicht täuschen …

Nach einer kurzen Beratung wurden wir wieder in den Saal gerufen und die Richterin verkündete das Urteil. Die letzten Anklagepunkte kamen überhaupt nicht mehr zur Sprache, aber wegen der Anführungszeichen um das Wort Kollege wurde ich wegen Verächtlichmachung und Herabwürdigung des tierärztlichen Ansehens schuldig gesprochen.

Dass die Standesvertretung durch die tagelange Ignoranz meines Wunsches nach Beratung, was eigentlich ihre satzungsgemäße Pflicht wäre, es verabsäumt hatte, mich auf das Schwerverbrechen der Anführungszeichen aufmerksam zu machen, ließ man dabei großzügig unter den Verhandlungstisch fallen. Die Bestrafung erfolgte durch einen simplen Verweis, der mildesten Form einer Sanktion – wahrscheinlich, weil dem Gericht selbst nicht wohl bei seinem Beschluss war.

Die Folge davon bestand jedoch darin, dass ich einen Patzen auf der Weste davontrug und die Verfahrenskosten zu berappen hatte.

Mein Cousin verkündete augenblicklich, dass wir Revision vor einem ordentlichen Gericht einlegen würden.

Einige Monate später traf ich mich mit Herwig vor dem scheußlichen Eingang des Verwaltungsgerichtes in Salzburg.

Diesmal saßen wir nur dem Richter gegenüber. Eigentlich war ich zuversichtlich, dass eine unbefangene Person angesichts der schrecklichen Bilder meine Position nachvollziehen konnte.

Der Richter jedoch inquisierte von Anfang an mit einer gewissen Schärfe: „Aha, Sie haben jedenfalls die Tierärztekammer konsultiert, weil Sie genau gewusst haben, das Sie sich auf dünnes Eis begeben! Das machen Sie ja nicht bei jeder Ihrer Kolumnen!“

„Entschuldigen Sie, Herr Rat, aber es ist doch ein Unterschied, ob ich über eine Mastitis, eine Geburt oder sonst etwas, was zu meiner ständigen Tätigkeit gehört, schreibe oder ob es sich um die öffentliche Kritik an einem namentlich genannten Amtstierarzt handelt!“

Das wirst sogar Du begreifen, dachte ich bei mir.

Er begriff nicht und warf mir die versuchte Einschaltung der Tierärztekammer sogar als Erschwernis vor. Der Einspruch wurde abgelehnt.

Zusätzlich zu den Verfahrenskosten des Disziplinarausschusses hatte ich noch die Gerichtsgebühren zu bezahlen. Ich war um eine erhebliche Summe ärmer, aber um eine Erfahrung reicher: Die Behörden messen seltsamen Stellungnahmen ihrer Vertreter zu Tierquälerei nicht die gleiche Bedeutung bei wie Formalien.

Damit liegt jedoch klar auf der Hand, was mich künftig Justiz und Kammer können! Und zwar wortwörtlich, auch ohne Anführungszeichen! Dafür mit Rufzeichen!

Money makes the World go round

Also ich gestehe freimütig: Wenn es um Geld geht, verhalte ich mich zumeist verschämt wie eine alte Jungfer, wenn das Thema Sex zur Sprache kommt!

Die Rede ist vom Bar-Kassieren.

Natürlich kann kein Mensch um Gottes Lohn arbeiten, nicht einmal der Pfarrer, aber es war bzw. ist mir stets unangenehm, am Ende einer Visite die gekrümmte Handfläche aufzuhalten.

Unser seinerzeitiger Professor auf der Klinik für Klauentiere an der Uni, selbst ein alter Nebenerwerbspraktiker, versorgte seine Studenten neben geballtem Fachwissen auch stets mit nützlichen Tipps aus dem Tierarztalltag. So riet er, das Auto vor dem Stall immer so abzustellen, dass man im Bedarfsfall nicht erst umständlich reversieren müsse, sondern, wie er es formulierte, „sofort startbereit wäre, falls einen ein rabiater Bauer mit der Mistgabel verfolgt!" Und in punkto Geld hielt er den Ratschlag bereit, „immer gleich kassieren, weil wenn der Fall schief läuft, oft auch der Tierarzt sich anschließend die Absätze schief laufen kann, um zu seinem ‚Gerstl' zu kommen!"

So war er, der Herr Professor. Da er außerhalb von Wien im benachbarten Niederösterreich wohnte, betrieb er als ausgewiesener Fachmann eine Farm mit etlichen Zuchtsauen und Mastschweinen, von denen, das war allgemein bekannt, das dickste sein Sparschwein war.

Als sich einmal mitten in der Vorlesung ein vorwitziger Student per Handzeichen meldete und ihm die Frage stellte: „Aber wenn der Fall gut läuft, zahlt der Bauer dann mehr?", sah er ihn mit traurigen Blick an, als würde er einen Wurf lebensschwacher Ferkel betrachten: „Ich glaube, Herr Kollege, Sie haben noch viel zu lernen! Und das gilt nicht nur für die Prüfung!"

Mit Schaudern denke ich an einen schon längst verstorbenen Tierarzt im Pinzgau, der immer, nachdem er seine Pflicht am betreffenden Hof beendet hatte, den Stehsatz „Jetzt kommt das Schönste an der ganzen Arbeit“ verlauten ließ und das empfangsbereite Geldbörsel zückte.

So etwas käme mir nie über die Lippen, weil meiner Ansicht nach der Erfolg das Schönste an der tierärztlichen Arbeit war und das Kaufmännische halt das notwendige Übel dabei darstellte.

Ich hatte daher in den allermeisten Fällen den Weg schriftlicher Honorarnoten gewählt, auch aus dem Grund, weil ich hier Muße fand, eine angemessene Kalkulation aufzustellen, sollte sich eine notwendige Behandlung über mehrere Tage erstrecken, wofür weder das Tier noch ich oder der Bauer etwas konnte. Diese Methode kam die Besitzer günstiger als die Daumen-mal-Pi-Taktik, bei der jede Nachvisite zum tariflichen Mindestfestsatz berechnet wurde. Dies wurde von meinem Klientel sehr geschätzt.

Seit der Einführung der Registrierkasse tue ich mir damit noch leichter. Da lediglich ein relativ geringer Betrag pro Jahr erlaubt ist, um die Verwendung dieses Systems zu vermeiden, kann ich jetzt, sobald diese Summe erreicht ist, mit gutem Gewissen sagen: „Tut mir leid, aber ab nun nur mehr mit Überweisung!“

Ich hatte mich damals vor der Anschaffung der Registrierkasse gedrückt, weil ich, wenn ich geschlaucht am Abend heimkam, Besseres zu tun wusste, als mich hinzusetzen und die Tageseinnahmen in die Elektronik zu tippen.

Ohnehin bestanden nur noch wenige Bauern auf Direktzahlung. Manchmal passierte es mir doch, dass, wenn ich aus besagten Gründen ablehnte, mir der Landwirt trotzdem mit einen Geldschein vor der Nase herumfuchtelte: „Machen Sie es halt schwarz! Ich sag eh nichts!“

Zu seinem Leidwesen kam schwarz für mich nicht in Frage.

Manche werden sagen „schön blöd“, Wohlmeinendere möglicherweise „schön ehrlich“, was natürlich das Image aufpoliert, aber wenn ich wirklich ehrlich sein soll, dann muss ich gestehen, dass ich einfach zu feige dazu bin.

Vielleicht spukt mir noch das warnende Beispiel des Kollegen in der Steiermark im Gehirn herum, von dem ich als junger Tierarzt während meiner Beschäftigung an der Besamungsanstalt Gleisdorf (siehe Band 1, „Mit der Kuh auf Du") gehört hatte.

Jener hatte bei einem Bauern soeben ein hübsches Sümmchen eingesteckt und war kaum vom Hof gefahren, als der Finanzer auftauchte, um die Brennsteuer für die jährliche Schnapsproduktion, wie damals üblich, bar zu kassieren.

„Bedauere", hatte der Bauer erwidert, „der Tierarzt war da und hat das Geld bekommen! Ich hab' keinen Tupf mehr im Haus!"

Aha, sagte der Beamte und machte sich Notizen.

Die nächste Zeit hockte er wie eine Spinne in seinem Büronetz und wartete auf die Umsatzsteuererklärung. Natürlich schien die Summe nirgends auf.

An einem schönen Morgen, ich weiß nicht, ob man halb sieben Uhr als schönen Morgen bezeichnen kann, läutete es Sturm an der Tür des Tierärztehaushaltes. Der Kollege, in der Annahme, ein Notfall stünde auf der Fußmatte, öffnete im dürftig übergeworfenen Bademantel und sah sich zu seiner gelinden Überraschung drei Herren mit Aktentaschen gegenüber. Dass es sich nicht um die Zeugen Jehovas handelte, erkannte er aus den wahrlich unchristlichen Blicken.

„Finanzfahndung", schnarrte der Kleinste und war schon im Haus. Die Beamten begannen sofort mit der arbeitsteiligen Tätigkeit. Der Erste setzte sich an den Schreibtisch, räumte sämtliche Aktenordner aus dem Regal wie unsereins eine Nachgeburt aus dem Uterus und vertiefte sich in die Unterlagen.

Der Zweite wich der Dame des Hauses, die telefonisch die eingehenden Visitenwünsche aufnahm, nicht von der Seite, was ihr besonders während des Kochens gehörig auf die Nerven ging, und der Dritte hockte sich zum Kollegen ins Auto und begleitete ihn auf die Fahrt zu den Bauern.

Blöderweise gestaltete sich ausgerechnet dieser Tag als sehr intensiv und somit lukrativ.

Nach dem Ende der Inquisition inspizierten die drei Fiskalmusketiere noch aufmerksam das Haus, taxierten Möbel und Perserteppiche und verschwanden wie unheilige Geister im Abendnebel.

Als dem Kollegen kurz darauf die Steuervorschreibung inklusive Strafzahlung ins Haus geflattert kam, hätte er selbst eine lebensspendende Infusion gebraucht. Seither schritt er über nackte Parkettböden, weil er seinen Fundus an teuren Perserteppichen auf den Markt hatte werfen müssen.

Deshalb lasse ich mich nicht auf das Risiko ein. Weil unsere zwei Perser Geschenke von meiner Schwiegermutter zu unserem Einzug in das neue Haus waren. Und wer will schon das Finanzamt gleichzeitig mit der Schwiegermutter zum Gegner?

Auch Trinkgeld nehme ich prinzipiell nicht an. Ich bin nämlich der Meinung, dass das Honorar eines Tierarztes seine Arbeit, sein Können und sein Wissen beinhalten sollte. Wir sind eben keine gewöhnlichen Dienstleister, bei denen Trinkgelder Bestandteile des Gehaltes darstellen. Meine Bauern haben das auch nach Längerem alle akzeptiert. Nur mit Kleintierbesitzern gibt es hie und da diesbezüglich noch Diskussionen, wenn sie mir partout ein paar Euro mehr aufdrängen wollen. „Warum denn nicht", werde ich dann verwundert gefragt, „an einem Trinkgeld ist doch nichts Verwerfliches?"

Ich versuche mich aus der peinlichen Situation mit einem Scherz zu retten: „Schauen Sie, so viel, wie ich trinke, können Sie gar nicht bezahlen!"

Allerdings beschlich mich manchmal das unangenehme Gefühl, dass der eine oder andere den Scherz für bare Münze nahm.

Man kann mir also wirklich nicht vorwerfen, dass ich der Devise „Am Gelde hängt, zum Gelde drängt doch alles" fröne.

Aber als mich die Besitzerin vom Gasthaus „Zum Goldenen Lamm“ anrief, ahnte ich noch nichts von dem Defizit, das mich erwartete.

„Alle meine Hendln werden hin“, klagte Frau Walkner, „jeden Tag finde ich eines tot im Stall! Die Eier für die Mehlspeisen muss ich jetzt schon zukaufen!“

Es war eine Minute vor sechs in der Früh.

„Wie viele Hühner sind Ihnen denn schon gestorben?“ Ich gähnte und wälzte mich im Bett auf die andere Seite.

„Na, so um die zwanzig. Von einem auf den anderen Tag verrecken sie. Was kann das sein?“

Ich hatte seinerzeit vierzehn Monate in der größten Geflügelpraxis Österreichs gearbeitet, aber das lag immerhin schon mehr als dreißig Jahre zurück. Daher war ich über den neuesten Stand der Wissenschaft nicht mehr im Bilde und auch meine Erinnerungen an damalige Praktiken hatten sich in die grauen Schleier des Vergessens verflüchtigt.

Das Einzige, das ich noch wusste, war, dass man bei gehäuften Todesfällen in Geflügelbeständen eine Sektion mit anschließender Laboruntersuchung hinsichtlich möglicher Erreger oder Parasiten vornehmen sollte. Klinische Diagnosen am Federvieh sind nämlich nahezu unmöglich.

„Wie viele Tiere haben Sie denn noch“, lautete meine nächste verschlafene Frage.

„Na, zwölf!“

Das war das nächste Problem. Medikamente für Geflügel gab es normalerweise nur in größeren Einheiten für Massenbehandlungen.

„Und wann ist das letzte gestorben?“

„Heute in der Nacht! Darum rufe ich Sie ja an!“

„Hören Sie, um die Ursache zu erfahren, müssen wir den Kadaver an eine geeignete Stelle schicken, die uns dann die Diagnose mitteilt. Erst dann können wir entscheiden, ob eine Behandlung möglich oder sinnvoll ist.“

„Eigentlich möchte ich es schon wissen, aber ist das nicht teuer?“

Ich dachte an unsere Tarife von seinerzeit, rechnete Daumen mal Pi und versicherte: „Ich glaube nicht!“

„Gut, und wohin soll ich das Hendl schicken?“

„Nirgendwohin! Das mache ich selbst! Erstens gehört der Kadaver in einen vorgeschriebenen Transportbehälter, zweitens braucht es ein entsprechendes Begleitschreiben. Ich komme am Vormittag vorbei und hole das Vieh ab!“ Ich legte auf und schloss die Augen. Eine halbe Stunde noch, bis die normalen Morgenanrufe beginnen würden, jedoch … Karin drehte sich im Bett um und nuschelte vorwurfsvoll: „Musst Du um diese Uhrzeit so laut reden?“

„Verzeihung“, erwiderte ich verärgert, „aber glaubst Du, dass es mich nicht aufregt, wenn schon ein Drittel der Hühner eingegangen ist und die Besitzerin deswegen in aller Herrgottsfrüh anruft?“

An Schlaf war ohnehin nicht mehr zu denken, deshalb stand ich auf, hüllte mich in den Morgenmantel und ließ mir einen doppelten Espresso herunter.

Da die gute Frau Walkner natürlich keine Ahnung davon hatte, wie man ein totes Hendl ordnungsgemäß einschickte, bemühte ich mich selbst zum „Goldenen Lamm“, verstaute den Kadaver im Auto und packte ihn daheim zuerst in einen Probensack und dann in einen Hobok, das ist ein stählernes, gut verschließbares Transportgefäß.

Den Untersuchungsantrag an die Bundesanstalt Mödling legte ich bei.

Nach nicht ganz zwei Wochen kam der Befund. Eindeutig Kokzidiose!

Das sind mikroskopisch kleine Darmparasiten, die früher in Geflügelbeständen sehr verbreitet waren, in den letzten Jahren aber auch immer gehäufter bei Kälbern auftreten und blutige Durchfälle verursachen.

„Jetzt kennen wir wenigstens die Ursache“, informierte ich Frau Walkner, erklärte ihr aber zugleich das Behandlungsproblem einer so kleinen Stückzahl.

„Brauchen wir nicht“, erwiderte sie fröhlich, „es hat aufgehört!“

„Was hat aufgehört?“

„Das Hendlsterben! Seit Sie das letzte mitgenommen haben, ist keines mehr dazugekommen. Alle zwölf sind putzmunter und legen wieder brav!“

Nach dreißigjähriger Praxis hatte ich mir abgewöhnt, mich noch über etwas zu wundern. In der Medizin ist es noch ärger als beim Lotto: Alles ist möglich!

„Sie schicken mir die Rechnung, ja?“

Ich versprach es artig und musste nur noch abwarten, was Mödling verlangte.

Aber als ich eine weitere Woche später deren Kostenaufstellung in den Händen hielt, fiel ich aus allen Wolken. Die Leutchen dort hatten wirklich keine Kosten und Mühen gescheut und nicht nur auf Parasiten, sondern auch auf alle möglichen Viren und Bakterien untersucht!

Daher betrug die Summe stolze hundertzweiunddreißig Euro und achtundsechzig Cent. Ich stöhnte. Wie sollte ich der Wirtin einen derartigen Betrag, der noch nicht einmal meine Aufwendungen beinhaltete, unterbreiten. Um das Geld hätte sie statt ihrer Hühner mühelos einen Papagei kaufen können, der fließend fünf Fremdsprachen beherrschte.

Ich legte die Rechnung erst einmal in das Fach „Unerledigtes“ ab und wartete auf eine Idee, aber es war wie „Warten auf Godot“. Sie kam und kam nicht!

Die Zeit verging, und da das Wetter immer schöner wurde, schlug Karin vor, wieder einmal zu Mittag ins Lamm zu gehen. Der Gastgarten war wunderschön und das Essen, wenn auch nicht gerade billig, immer ausgezeichnet. Ich stimmte zu. Vielleicht würde ich auf diese Weise die Mödling-Rechnung los, jedenfalls steckte ich sie in die Brusttasche. Was mir zustand, hatte ich längst in den Rauchfang geschrieben.

Frau Walkner begrüßte uns herzlich und wandte sich an mich: „Sie haben mir die Rechnung noch immer nicht geschickt, Herr Doktor!“

„Ich weiß“, antwortete ich ausweichend.

Wir nahmen Platz und bestellten als Vorspeise geeistes Carpaccio vom Almochsen, Karin hernach Brathuhn in Kräuterkruste, ich hoffte sehr, dass es sich um kein dahingeschiedenes Kokzidienhendl handelte, und ich ein Steak. Schließlich waren wir satt, als die Kellnerin an uns vorbei einen Riesenteller mit duftendem Kaiserschmarrn zu einem der Nachbartische balancierte.

„Kaiserschmarrn“, rief ich aus, „ich glaube, den bestelle ich mir auch!“

Karin sah mich mit leisem Tadel an: „Wolltest Du den Sommer über nicht ein wenig abnehmen?“

Sie wollte das, ich eigentlich nicht.

Aber sie hatte Recht. Hunger verspürte ich ja wirklich nicht mehr, das wäre bloß der reine Gusto gewesen.

Also verzichtete ich und winkte seufzend der Kellnerin, dass ich zahlen wollte.

Stattdessen kam sie herüber und schüttelte den hübschen Kopf: „Die Chefin hat gesagt, das geht heute auf Kosten des Hauses!“

„Wie nett“, knurrte ich. Dieses Angebot machte mir einen endgültigen Strich durch die Mödling-Rechnung. Im Stillen überschlug ich den Preis für unsere Zeche. Zusammen mit Karins zwei Achteln und meinen drei Gespritzten kam ich auf ungefähr neunzig Euro. Da fehlten auf die hundertzweiunddreißig, die in meiner Brusttasche knisterten, noch immer mehr als vierzig. Sollte ich nach der freundlichen Einladung jetzt in die Küche marschieren und den Restbetrag einfordern?

Lieber wäre ich gestorben. Ich legte der Bedienung ein ordentliches Trinkgeld auf den Tisch und wir wandten uns zum Gehen.

Neidisch blickte ich zum Nachbartisch, wo sie fleißig am Kaiserschmarrn schaufelten.

Wenigstens den hätte ich mir noch vergönnen sollen!

Der springende Punkt

Die hochaufgeschossene Dame im Warteraum machte alles andere als einen ärmlichen Eindruck auf mich. Ihr Mantel aus cremefarbener Kaschmirwolle harmonierte hervorragend mit der dreireihigen Perlenkette um ihren Hals, dem schweren Goldreifen am Handgelenk und den bernsteinbesetzten Ohrgehängen. Von ihren Ringen wollte ich gar nicht reden. Ein verstohlener Blick aus dem Fenster bestätigte meine Diagnose. Da stand ein protziger silberner BMW auf dem Vorplatz und glitzerte in der zaghaften Frühlingssonne.

Allein der Hund passte eigentlich nicht zu ihrer Erscheinung. Es gab mehrere Rassen, die solche Leute normalerweise für standesgemäß erachten, der ihre enthielt jedoch mindestens drei davon. Das machte sie mir auf Anhieb sympathisch. Menschen, die Geld haben und sich trotzdem für eine nicht unbedingt prestigeträchtige Promenadenmischung entscheiden, taten das, meiner Erfahrung nach, aus Liebe zu dem Tier.

Frau Windbichler, der ich um eins einen Termin zugesagt hatte, war sogar überpünktlich. Ich hielt Sprechstunde zwar seit jeher nur gegen Voranmeldung, aber dennoch gab es immer wieder Tierbesitzer, die plötzlich nicht bis zum Mittag, meiner obligatorischen Ordinationszeit, warten wollten, obwohl sie es beim Patienten schon mehrere Mittage lang getan hatten, und, ohne abzusagen, einfach nicht erschienen.

Das nervte mich ordentlich, bis Karin auf die Idee kam, sich zur Sicherheit die jeweilige Telefonnummer geben zu lassen. „Nur für den Fall, dass meinem Mann ein Notfall dazwischenkommt!" Das konnte bei einem hauptsächlichen Großtierpraktiker natürlich jederzeit passieren, dass er dringend zu einer Geburt oder einem Milchfieber oder einer Kolik abberufen wurde, trotzdem stieg die Disziplin der Leute deutlich an, wahrscheinlich, weil sie befürchteten, ausgeforscht und mit Regressforderungen belangt zu werden.

Frau Windbichler hätte eine solche vermutlich nicht abgeschreckt, wie der luxuriöse Duft ihres Parfüms bewies, als sie an mir in den Behandlungsraum stöckelte.

„Frantischek hat Durchfall", erklärte sie mit besorgter Miene, ohne auf eine Frage meinerseits zu warten. Dabei bückte sie sich und hob den Hund auf den Ordinationstisch, ungeachtet der Tatsache, dass ihr Kaschmirmantel jetzt noch andere Tierhaare beherbergte.

Ich musste mich zwingen, nicht aufzulachen: „Der Hund heißt Frantischek?"

„Ja! Ich habe ihn in Tschechien gefunden, er war ein herrenloser Welpe und in keinem guten Zustand. Aber trotzdem ein zutrauliches Geschöpf. Darum habe ich ihn nach Österreich mitgenommen und hier aufgepäppelt. Bei der Gelegenheit muss ich Ihnen gestehen, dass ich sonst bei Dr. Schaller bin, aber der ist gerade auf Urlaub."

Mir gab es einen Riss. Der Kollege war keiner meiner unmittelbaren Nachbarn, sondern eine mindestens dreiviertelstündige Autofahrt entfernt, genoss jedoch einen hervorragenden Ruf und operierte als ehemaliger Universitätschirurg sogar komplizierte Knochenbrüche. Deshalb nahmen viele Kleintierbesitzer aus der Umgebung die lange Anfahrt auf sich.

Ich überwies trotzdem meine Patienten lieber an Meinhard, der erstens näher lag und auch von einem umgänglicheren Wesen war.

Ich hielt nämlich Schaller, um der Wahrheit die Ehre zu geben, für einen hochnäsigen Kerl, der nicht nur wusste, was er konnte, sondern auch glaubte, es aller Welt unter die Nase reiben zu müssen.

Die Latte lag für mich hoch.

„Und wieso kommen Sie dann gerade auf mich? Es gibt viele andere Kleintierpraktiker."

„Eine Freundin, die in Hofgastein wohnt, hat Sie mir empfohlen. Sie haben damals ihrem Hund sehr geholfen. Sie heißt Anhäuser!“

Dunkel konnte ich mich erinnern. Das war doch der mollige Labrador, der ständig unter Ekzemen gelitten und schon mehr Antibiotika und Kortison verabreicht bekommen hatte, als ein Nilpferd verträgt. Ich war lediglich nach der TCM verfahren, hatte einen Yang-Überschuss als Hitzesymptom diagnostiziert und ihr geraten, das ewige Trockenfutter abzusetzen, gemäß der chinesischen Erkenntnis „Hitze erzeugt Trockenheit, Hitze entsteht durch Trockenheit“. Einige Tage zusätzlich homöopathische Tropfen und der Hund, ich glaube, Cäsar hatte er geheißen, war seitdem beschwerdefrei.

Also Mundpropaganda!

„Wie alt ist denn Frantischek“, erkundete ich mich. Als der seinen Namen hörte, verstärkte sich sein Schweifwedeln und winselte.

„Ich vermute, so um die acht Jahre. Jedenfalls haben wir ihn seit siebeneinhalb Jahren.“

„Und wie lange hat er Durchfall?“

„Seit mehr als einer Woche! Manchmal ist es so arg, dass er die Nacht nicht durchhält und zu winseln beginnt, dass ich mit ihm raus muss!“

Ich betete inständig, dass Frantischeks Winseln jetzt nicht auf eine drohende Entleerung hindeutete, Frau König, unsere Haushälterin, hatte die Ordination erst vor zwei Stunden geputzt.

„Und was bekommt er zu fressen?“

„Ein spezielles Diätfutter, von Doktor Schaller verschrieben. Frantischek war schon immer empfindlich im Darmbereich. Wahrscheinlich, weil er als Junghund hauptsächlich von Abfällen gelebt hat. Aber so schlimm wie momentan war es noch nie! Teilweise wässrig wie eine Suppe!“

„Hm!“ Ich maß Frantischeks Rektaltemperatur, begab mich dabei aber aus der Schusslinie.

Fieber hatte er keines, auch die restliche Untersuchung ergab kein brauchbares Ergebnis. Lediglich beim Abhören seines Bauches war ein verstärktes Knurren und Glucksen zu hören, was auf eine übermäßige Peristaltik hindeutete.

„Schön“, ich nahm das Stethoskop aus den Ohren. „Ich gebe ihm jetzt eine Spritze, um die akute Darmentzündung zu stoppen, und Ihnen ein Pulver mit, das Sie ihm zwei Mal täglich ins Futter mischen. Apropos Futter. Hören Sie mit dem Trockenfutter auf, bei Durchfallerkrankungen spricht die TCM auch von feuchter Hitze im Darm. Kochen Sie ihm was Vernünftiges!“

„Aber Doktor Schaller hat ihm doch das Extra-Futter verordnet“, protestierte Frau Windbichler.

„Na, und hat es was genützt?“, fragte ich aufmüpfig.

„Nein. Wird er das Pulver denn fressen?“

„So, wie mir Frantischek ausschaut, frisst er alles!“

Jetzt lächelte Frau Windbichler sogar: „Da haben Sie Recht!“

Leider lächelte sie nicht mehr, als sie einige Tage später bei mir anrief, um mir mitzuteilen, dass sich an Frantischeks Befinden nichts, aber schon gar nichts gebessert hatte.

Himmelarschundzwirn, dachte ich, drückte das jedoch nicht aus, sondern erklärte höflich mein Bedauern und empfahl, sich in die fachmännische Obhut ihres Stammtierarztes zu begeben, der, wie ich zufällig wusste, seit zwei Tagen wieder ordinierte.

Frau Windbichler bedankte sich für den Rat und mein Bemühen, damit beendeten wir unser Gespräch.

Nach zwei Wochen bat mich Frau Windbichler, zu meiner völligen Verblüffung, erneut um einen Termin. Mit Frantischek im Schlepptau enterte sie die Ordination, aber wie sah der Hund aus! Der wochenlange Durchfall hatte das Tier zu einem erschreckenden Gerippe schrumpfen lassen, dazu kam, dass er sich nur mehr schleppend bewegte. Ein Bild des Jammers! Fressen tat er mittlerweile auch kaum mehr.

Frau Windbichler knallte mir einen dreiseitigen Befund über sämtliche Blut-, Harn- und Parasiten-Parameter auf den Ordinationstisch: „Alles negativ! Doktor Schaller weiß nicht mehr weiter und hat mir angeraten, Frantischek einzuschläfern. Ich möchte ihm aber noch eine letzte Chance geben! Vielleicht haben Sie noch eine Kugel im Revolver! Ich denke da an meine Freundin Anhäuser!“

Kugeln im Revolver hatte ich genug. Nur war das sicher nicht die Lösung, die sich Frau Windbichler von mir versprach.

Ich atmete tief durch und begann, den chinesischen Blasenmeridian des Hundes, der sich beidseits der Wirbelsäule befindet, mit einer Metallsonde durchzutasten. Hoppla! Als ich den Punkt Blase 18 erreichte, zuckte das Tier kurz zusammen. Es handelte sich um den Zustimmungspunkt oder, wie der Chinese sagt, Shu-Punkt der Leber. Dadurch ermutigt, drückte ich auch auf den Qimen, den Alarmpunkt der Leber seitlich am Körper im zehnten Zwischenrippenraum und erhielt die entsprechende Antwort, indem Frantischek vor Schmerz den Kopf drehte und beinahe nach mir schnappte.

„Ich habe zwar keine Ahnung, warum die Laborwerte nichtssagend sind, aber wie es aussieht, ist es die Leber! Ich mische Ihnen was zusammen, dann sehen wir weiter!“, versuchte ich einigermaßen Zuversicht auszustrahlen. „Heute haben wir Montag, am Freitag rufen Sie mich an und erzählen mir, wie es Frantischek geht!“

Am Mittwoch fand die Jahreshauptversammlung der Tierärzte statt. Der Saal war bummvoll und ich erspähte eine Menge junger Kollegen, vorwiegend weibliche, die ich überhaupt nicht kannte. Plötzlich tauchte Schaller vor mir auf und sagte unheilvoll: „Können wir kurz unter vier Augen sprechen?“

Ich bejahte und er zog mich am Arm aus dem Getümmel heraus in eine Nische: „Die Frau Windbichler hat mich gestern angerufen und mir erzählt, dass Sie bei ihrem Hund ein Leberleiden festgestellt haben. Ist das richtig?“

„Na ja, es sieht so aus!“

„Haben Sie die Laborwerte gelesen?“

„Ja“, gestand ich kleinlaut.

„Und wie kommen Sie dann zu dieser interessanten Diagnose?“

„Die Akupunkturpunkte waren sensibel!“

„Aha“ Er sah mich von oben herab an, als wäre ich eine unappetitliche Krankheit. „Passen Sie auf! Wenn Sie die moderne Schulmedizin ignorieren und stattdessen lieber unwissenschaftliche Methoden anwenden, wären Sie besser vor hundert Jahren als Quacksalber aufgehoben gewesen!“

„Die TCM …“, wollte ich protestieren, aber er hatte sich schon umgedreht und mich einfach stehen gelassen.

„Quacksalber“, schnaubte ich am Abend in mein Whiskyglas, „so ein arroganter Mistkerl!“

Karin nippte nachdenklich an ihrem Weinglas: „Ist doch egal, was der Schaller sagt. Wichtig ist, was Frantischek dazu sagt.“

Wichtig war vor allem, was Frau Windbichler am Freitag sagte. „Dem Frantischek geht es gut. Der Durchfall hat seit vorgestern aufgehört und er frisst wieder mit Begeisterung!“

Heiliger Konfuzius, ich danke dir!

„Wären Sie so nett, die erfreuliche Nachricht auch Doktor Schaller mitzuteilen?“

„Hab’ ich schon!“

Ich hätte liebend gerne den Gesichtsausdruck des Kollegen dabei beobachtet.

Wahrscheinlich hielt er uns beide für esoterische Spinner.

Deshalb war ich völlig perplex, als es am nächsten Tag an der Tür zum Warteraum läutete und der Kollege Schaller, einen Jack Russell Terrier an der Leine, davor stand: „Ähem“, begann er, „ich glaube, ich muss mich bei Ihnen entschuldigen!“

„Macht doch nichts“, erwiderte ich großzügig. Nach der frohen Botschaft von Frau Windbichler hätte ich sogar der Hexe aus Hänsel und Gretel verziehen. „Wenn man etwas nicht kennt, tut man sich schwer, es zu beurteilen.“

„Eben! Das war ja mein Fehler! Darf ich reinkommen?“

„Selbstverständlich!“ Ich machte den Eingang frei.

In der Ordination setzte der Kollege den Jack Russell auf den Tisch: „Das ist übrigens mein Hund. Er heißt Bob! Können Sie mir an ihm demonstrieren, welchen Leberpunkt Sie gedrückt haben?“

Ostern

Ich muss gestehen, dass ich trotz meines verheißungsvollen Namens ein areligiöser Mensch bin.

Deshalb amüsiert es den Spötter in mir, wenn Jesus zwar jedes Jahr am selben Tag (24. Dezember) geboren wird, sein Sterbedatum (Karfreitag) aber immer verschieden ist. Besäße er einen Grabstein, müsste der so flexibel gestaltet sein wie die Anzeigetafeln auf den Fußballplätzen, wo das Ergebnis auch dem jeweilig aktuellen Stand angepasst werden kann.

Um keine Irrtümer aufkommen zu lassen, natürlich finde ich den kindlichen Glauben, dass der Osterhase persönlich durch die Gegend hoppelt, um an allen möglichen und unmöglichen Stellen die buntgefärbten Eier zu verstecken, sehr nett. Und wenn er sogar noch sein Pendant aus Schokolade dazulegt, ist das, im wahrsten Sinne des Wortes, ein gefundenes Fressen.

Ich war zum Beispiel als, zugegebenermaßen, sehr kleiner Bub von der Vorstellung fasziniert, dass die Kirchenglocken am Ostersonntag aus Rom wieder nach Hause geflogen kamen. Stundenlang starrte ich wie ein Flakhelfer im Zweiten Weltkrieg gen Himmel, um das bronzene Geschwader rechtzeitig im Anflug zu entdecken. Ich malte mir aus, dass die dicke Pummerin wohl ziemlich außer Atem sein müsste, wenn sie endlich auf ihrem angestammten Platz im Stephansdom wieder angelangt war.

Sie und ihre Genossinnen mussten den Rückflug jedoch immer während der Nacht absolviert haben, denn ich hatte nie auch nur eine einzige Glocke durch die Lüfte segeln gesehen. Allerdings dürfte aus dieser Zeit meine Anfälligkeit für Nackenverspannungen herrühren. Aber abgesehen von diesem kleinen Glockenvoyeurismus und einer Vorliebe für Gemüse anstatt für Nudeln und Pommes frites mit Ketchup war ich, wie ich glaube, doch ein relativ normales Kind.

Jedoch besteht Ostern nicht nur aus gut versteckten Eiern und unsichtbarem Kirchengeläute, sondern leider auch aus Arbeit. Bei der Dienstplanaufstellung wird in unserem Jargon immer gefragt: „Wer fährt heuer auf die Weihnachtsinseln und wer auf die Osterinsel?"

Obwohl es keine extra Pfingstinsel bzw. Silvesterinsel gibt, kommen natürlich auch diese Termine zur allgemeinen Verlosung, aber die beiden erstgenannten Notdienste gehören zu den unbeliebtesten. Während nämlich an gewöhnlichen Wochenenden viele Kollegen ihre Praxen freundlicherweise intern weiter betreiben, um den offiziell Diensthabenden zu entlasten, bleibt an solchen Feiertagen so ziemlich alles am eingeteilten veterinärmedizinischen Kuli hängen. Einerseits verständlich, weil sich die Kollegenschaft ihrer familiären Verpflichtungen besinnt, andererseits aber der Raketenanzug aus den James-Bond-Filmen für den Tierarzt noch nicht erfunden worden ist.

An diesem Osterwochenende fiel daher die Sorge um die Wiederauferstehung unserer Patienten mir als Kinderlosem zu. Unglücklicherweise hatte sich Karin, die ansonsten das Telefon bedient haben würde, auch noch mit Grippe ins Bett gelegt.

Um meinem lieben Weibe eine geruhsame Genesung angedeihen zu lassen, aktivierte ich daher die Rufumleitung auf mein Handy und gab dem Auto die Sporen, denn es hatte sich für den Vormittag bereits einiges an tierärztlichem Bedarf angesammelt. Und ich musste sagen, es ging so bunt zu, wie es sich für Ostern gehörte.

Den Anfang machte eine schwarzbunte Kalbin vom Stössl-Bauern, die sich mit dem Kopf an der Aufstallung gescheuert, in unseren Breiten heißt das *Niffen*, und sich dabei an einem vorspringenden Haken das rechte Augenlid fast abgerissen hatte. Das musste natürlich möglichst rasch genäht werden, weil sonst der Hautlappen unweigerlich absterben würde und das Tier ohne Lid erstens keinen Schutz vor Fliegen hätte und der Augapfel austrocknen würde. In der Geschwindigkeit einer der bedauernswerten

Näherinnen für Billigklamotten in Bangladesch flickte ich die scheußliche Wunde zusammen.

Dann ging es zum Kreitlbauern, wo ein Kitz mit einem gebrochenen Vorderbein auf mich wartete. Eigentlich hatte das Tier Glück gehabt, denn ohne die Verletzung hätte es zusammen mit seinen Altersgenossen als Osterschmaus geendet. Aber in dem Zustand war es natürlich nicht transportfähig. Normalerweise hätte der Kreitl daraufhin keine langen Umstände gemacht und das Kitz halt für die eigene Sonntagstafel bestimmt, nur seine neunjährige Tochter, die Julia, machte ihm einen Strich durch die Rechnung. Sie hatte das Kitz bisher liebevoll umsorgt, aber seit zwei Tagen musste sich die Verletzung entzündet haben, weil es offenbar Schmerzen und daher keinen Appetit mehr hatte. Als ich eintraf und ihm das Thermometer in den After schob, meckerte es kläglich. Da schau her, fast vierzig Grad!

„Wollen Sie es eingipsen?", fragte der Kreitl. Ich vermutete, er tat das nur, weil seine Julia mit Tränen in den Augen neben ihm stand.

„Nein! Ein Gips wäre zu schwer und müsste, da das Kitz im vollen Wachstum ist, öfter erneuert werden!"

Ich legte stattdessen eine dicke Lage Zellstoff um das gebrochene Bein, erbat mir vier dünne Holzleisten, die ich zur Schienung darüber fixierte und wickelte in der Geschwindigkeit eines altägyptischen Mumifizierers ein paar Mullbinden herum. Dann verpasste ich dem Tier noch eine schmerzstillende und entzündungshemmende Injektion.

„So, das dürfte fürs Erste genügen!", erhob ich mich ächzend, „Du brauchst nicht mehr zu weinen, Julia. Deinem Kitz wird es bald besser gehen!"

Sie nickte tapfer und wischte sich mit dem Handrücken die Tränen und den Rotz aus dem Gesicht.

Das Ganze war jedoch nicht so friedlich verlaufen, wie hier geschildert. Dazwischen hatte das verfluchte Handy ein Dutzendmal geläutet. Mehrere Besamungen wurden gewünscht, am Latschenhof gab es ein sieben Tage altes Kalb mit Durchfall, das bereits ziemlich wackelig auf den Beinen stand und wahrscheinlich eine Infusion brauchte, beim Abersambauern hatte ein Schwein Rotlauf, eine Kuh im Lärchengut wahrscheinlich eine Lungenentzündung und die hochträchtige Stute vom Vorder-Kogel eine Kolik.

„Na, bei Ihnen geht es zu", staunte der Kreitl, „kein Wunder, dass Ihr Tierärzte am Reichtum erstickt!"

Man kann auch am Geiz ersticken, dachte ich, unterdrückte aber den Impuls, weil ich es anderen Bauern als dem Kreitl gegenüber unfair empfand.

Während ich weiter telefonierend ins Auto hüpfte, registrierte ich zu meiner Freude, dass das Kitz, hungrig und plötzlich schmerzfrei, wie es war, hinüber zur Mutter stakste und am Euter zu saugen begann.

„Na sowas!" Das verblüffte sogar den Kreitl. „Das geht ja schneller wie in Lourdes!"

„Und billiger auch wie eine Fahrt dahin", gab ich durch das offene Seitenfenster zur Antwort.

„Wird sich herausstellen, Herr Doktor, wird sich herausstellen!"

Ich hatte vergessen, dass der Kreitl, wenn es ans Zahlen ging, immer auf der pessimistischen Seite stand!

Mittlerweile hatte sich mein Handy in ein lebendiges Wesen verwandelt. Ununterbrochen schnarrte und vibrierte es in meiner Hemdbrusttasche. Mir kam langsam vor, als würden mich die himmlischen Mächte für meine Oster-Blasphemie bestrafen. Langsam beneidete ich eine Flipper-Kugel um ihr relativ geruhsames Dasein.

Als ich schon einigermaßen erschöpft, es war erst halb elf, am Lärchengut die Reihe der im Fressgatter eingesperrten Kühe abschritt, um zu meiner Patientin zu gelangen, wedelte eine mit dem Schwanz und schlug mir das Thermometer aus der Hand! Blitzschnell bückte ich mich, damit es nicht durch den Spaltenboden des Laufstalls fiel, dabei rutschte mir das Handy aus der

Hemdtasche und verabschiedete sich zielgerichtet in die unten befindliche Schwemmentmistung.

Im ersten Moment überfiel mich ein warmes Gefühl der Erleichterung und Befreiung, so wenn man sich unabsichtlich in die Hose pinkelte. Aber gleich darauf gefolgt von der entsetzten Frage „Was mach' ich jetzt", obwohl ich dem elektronischen Quälgeist sein würdeloses Ende in der Kuhscheiße von Herzen gönnte.

Es half nichts, ich musste die Visiten trotz Zeitnot unterbrechen, um mir von daheim Ersatz zu holen.

Dort gestaltete es sich zum Vorteil, dass Karin selig dem Erholungsschlaf frönte, sodass ich mir ungefragt ihr Mobiltelefon ausleihen konnte, was sie, wäre sie munter gewesen, sicher nicht gerne gesehen hätte, denn die tierärztliche Arbeit in den Ställen bringt es mit sich, dass manches, was man mit sich herumträgt, vorübergehend an Sauberkeit einbüßt.

Blöderweise handelte es sich um so ein Wisch-und-weg-Handy, auch iPhone genannt, mit dem ich mich nicht auskannte, weil mein Gerät ein guter alter Tastenapparat war, von dem manche Leute ironischerweise behauptet hatten, dass er noch mit Dampf betrieben wurde.

Aber dem Veterinär ist bekanntlich nichts zu „schwär" und so war ich dann doch nach einigem Herumprobieren in der Lage, eingehende Anrufe anzunehmen.

Am Ammererhof erwartete mich die nächste Überraschung. Die hauptsächlichen Ostereierfarben sind bekanntlich Rot, Gelb, Grün, Blau und Violett. Ein ausgerechnet blaues Ei auf einem blauen Fahrersitz ergibt demnach eine hervorragende Tarnung, die umso effektiver ist, wenn man es eilig hat.

Als ich mich hinter das Lenkrad klemmte, hörte ich und vor allem spürte ich den Knacks. Ich stieg wieder aus, da rief mir die Ammererbäuerin vom Küchenfenster aus zu: „Ich habe Ihnen ein Osterei ins Auto gelegt, Herr Doktor!"

„Danke, ich hab's schon gefunden", gab ich mit dem Lächeln eines Zitronenfalters zurück.

Ich säuberte meine Kehrseite so gut es ging, trotzdem hatte ich auf den nächsten Visiten dauernd das Gefühl, dass jemand auf meinen verfärbten Hosenboden starrte.

„Ich habe mich auf ein Osterei gesetzt", erklärte ich jedes Mal ungefragt und hoffte, dass man mir glaubte.

Gegen dreiviertel eins war das Vormittagsprogramm endlich halbwegs erledigt, denn ich hatte eine Pause ebenso nötig wie eine frische Hose.

Daheim empfing mich Karin im Morgenmantel und mit heiserer Stimme: „Wo warst Du denn so lange? Ich wollte Dich anrufen, aber ich kann mein Telefon nicht finden!"

Jetzt hieß es natürlich Farbe bekennen! Wie erwartet, zeigte sich Karin darüber nicht besonders amüsiert.

„Gleich am Dienstag besorge ich mir ein neues Kastl", versprach ich.

„Na schön", seufzte sie. „Übrigens, kochen kann ich in meinem Zustand nicht! Es gibt heute Tiefkühlpizza!"

Begreiflich! Auch wenn mich das Gefühl beschlich, dass es, selbst wenn sie gesund gewesen wäre, zur Strafe für den Handy-Klau auch nur Tiefkühlpizza geben würde.

Der Nachmittag verlief nicht mehr ganz so stressbehaftet, langweilig wurde mir dennoch nicht. Und deshalb traf ich erst um sieben Uhr beim Kronbichl ein, dessen betagte Eselstute Viktoria wieder einmal an einem akuten Schub von Hufrehe litt. Bestimmt hatte das eiweißreiche Grün, das zur Zeit auf den Weiden emporschoss, Schuld daran, obwohl ich dem Bauern schon beim letzten Mal eingeschärft hatte, dass sie das frische Zeug nicht vertrug. Rehe ist nämlich eine nichtinfektiöse Entzündung der Huflederhaut, die unter anderem durch Überschuss an energiereichem oder, wie hier der Fall, an proteinreichem Futter entsteht und sehr schmerzhaft ist. Und die Faustregel besagt, einmal Hufrehe, immer Hufrehe. Das heißt, dass die Empfindlichkeit bestehen bleibt.

Nachdem ich Viktoria ein Medikament gespritzt hatte und den Boden ihrer Box weich polstern hatte lassen, blinzelte mir der Kronbichl, offenbar ganz schlechtes Gewissen, verschwörerisch zu:

„Kommen Sie mit, Herr Doktor, ich möchte Ihnen was zeigen!"

Er führte mich in den hinteren Teil des Pferdestalls und deutete in ein Abteil: „Schau'n Sie einmal!"

„Veni, vici, stupet", hätte Julius Cäsar gesagt: Ich kam, sah und staunte. Neben der Norikerstute Elsa stand ein bezauberndes Hengstfohlen.

„Das hat sie heute Nacht geworfen! Das hab' ich Ihnen zu verdanken!"

Ein beglückender Moment. Die gute Elsa war zwei Jahre hintereinander nicht trächtig gewesen, der landläufige Ausdruck dafür lautet *galt*, als ich ihre Gebärmutter im letzten Frühjahr zur Rosse mit verdünnter Lugol'scher Lösung gespült hatte, ein Tipp von meinem alten Nachbarkollegen im Raurisertal. Und siehe da, das Ergebnis stolperte nun um die Mutter herum.

„Na, das nenne ich einen schönen Osterhasen", strahlte der Kronbichl.

„Für einen Osterhasen hat es zu kleine Ohren", korrigierte ich grinsend.

„Wieso, es gibt doch auch diese Kaninchen mit kurzen Löffeln?"

„Schon, aber dafür hat es zu lange Beine!"

Wir lachten. Ach wie herrlich, einmal mit einem Bauern über ein freudiges Ereignis zu schwatzen anstatt über kranke Tiere!

Aber die Freude währte nicht lange!

„Sagen Sie, kastrieren Sie auch Widder?"

„Natürlich!"

Ich versuchte meiner Stimme einen leicht beleidigten Unterton zu verleihen, als hätte er mich gefragt, ob ich Autofahren konnte oder mir regelmäßig die Zähne putzte.

„Der Alex, mein Sohn, er ist heute nicht da, möchte, dass Sie ein paar Jungböcke kastrieren. Am besten wäre es morgen!"

„Morgen ist Ostermontag und ich habe Feiertagsdienst! Wenn es morgen so zugeht wie heute, habe ich nicht einmal Zeit, nachzuschauen, was männlich oder weiblich ist!“

„Vielleicht geht es doch!“ Was ein gestandener Bauer ist, gibt nicht so schnell auf. „Ab Dienstag muss der Alex nämlich wieder arbeiten, dann geht es nur am Abend!“

Also am Abend ging gar nichts! „Um wie viele Tiere handelt es sich denn?“, wollte ich vorsichtshalber wissen.

„Weiß ich nicht! Die Schafe sind die Angelegenheit vom Alex!“

„Und wie wär’ es am nächsten Wochenende?“

„Uih, da sind sie schon ausgetrieben!“

Es ging zu wie beim Salzburger Marionettentheater! Die Bauern zogen terminlich die Fäden und der Tierarzt hatte zu hüpfen!

„Also versprechen kann ich gar nichts“, erwiderte ich unwirsch und verabschiedete mich.

Mein persönliches Osterwunder fand jedoch dahingehend statt, dass am nächsten Tag das Telefon relativ stumm blieb. Lediglich ein paar harmlose Besamungen und ein krankes Kalb. Es war wie nach einem Sturm, der sich am Vortag verausgabt hatte.

Somit blieb mir nichts anderes übrig, als in den sauren Apfel zu beißen.

Ich rief daher beim Kronbichl an und verkündete, dass ich gegen zehn Uhr auftauchen würde.

„Fein“, sagte der Alex, „ich warte auf Sie!“

Er hielt Wort und öffnete mir das Holzgatter, das die Einfahrt in den Kronbichlhof versperrte.

„Guten Tag“, grüßte ich, „wie viele Eunuchen im Wollkragenpullover sind denn geplant?“ Meine arglose Kalkulation belief sich auf drei bis vier.

„Achtunddreißig!“

Ein Kübel Eiswasser ins Genick hätte keine andere Wirkung gehabt.

„Haben Sie gerade achtunddreißig gesagt?“

„Ja schon", nickte der Alex, „ich will nicht, dass die Jungspunde auf der Alm unkontrolliert decken, so wie im letzten Sommer. Dafür habe ich schließlich meinen prämierten Zuchtwidder!"

„Aber, aber dafür brauche ich doch mindestens vier Stunden, selbst wenn ich im Akkord arbeite!" Ich musste aufpassen, dass ich vor Schreck und Ärger nicht zu stottern begann.

„Ja", meinte der Alex kaltblütig, „deswegen habe ich mir für heute auch nichts anderes vorgenommen!"

Am liebsten hätte ich gleich mit ihm begonnen! Achtunddreißig oder neununddreißig wären auch schon wurscht gewesen! Stattdessen rief ich Karin resigniert auf unserer Festnetznummer an und teilte ihr mit, dass sie mit einem Mittagessen nicht auf mich warten müsse und bereits die nächste Tiefkühlpizza auftauen könne.

Dann schnappte ich den Chirurgie-Koffer und wankte hinüber zum Schafstall.

Mann oh Mann, achtunddreißig Kastrationen an einem Stück! So viele „Oster-Eier" hatte mir bisher noch keiner ins Nest gelegt!

Höhen und Tiefen

„Die erste Woche war es quietschfidel, aber seit zwei, drei Tagen gefällt es mir überhaupt nicht mehr!“

Die Rede war von dem zierlichen Stutfohlen, das regungslos in der Box stand, und der das sagte, war der Karlbauer.

„Saugt es noch?“, lautete meine erste Frage. Weil Fohlen, die nicht mehr genügend Milch zu sich nahmen, verteufelt schnell verfielen.

„Schon, aber zu wenig. Ich habe Angst, dass sich dadurch die Milch bei der Stute verläuft.“

Die Sorge war mehr als berechtigt: Mutterpferde, die nicht regelmäßig besäugt werden, verlieren rasch ihre Milchbildung.

Das Fohlen, ein hübscher Rappe mit einer durchgehenden Blesse an der Stirn, machte keine großen Abwehrbewegungen, als ich ihm das Thermometer in den After schob. Ein schlechtes Zeichen. Fast vierzig Grad Fieber.

Ich wusste auch schon die Ursache. Beide Karpalgelenke, das entspricht unseren Handgelenken, waren sichtbar geschwollen und warm. Als ich noch den Nabel abtastete, zuckte das Tier zusammen.

Ich richtete mich auf: „Tut mir Leid, das Tier hat die *Siegn*!“ Das war der landläufige und veraltete Ausdruck für Fohlenlähme oder, um es genauer auszudrücken, für Polyarthritis.

Zu meiner Anfangszeit als Tierarzt hatten wir häufig mit der Frühform zu kämpfen gehabt, das heißt, die Infektion erfolgte bereits im Mutterleib, wonach bereits lebensschwache Fohlen zur Welt kamen, seit geraumen Jahren tritt jedoch nur mehr die Spätform zutage. Diese erfolgt durch Invasion von verschiedenen Bakterien über den feuchten Nabelstrang und löst die Gelenksentzündungen aus. Grund dafür bilden ein zu geringer Antikörpertiter in der Muttermilch, zu geringe Kolostrumaufnahme durch das Fohlen und mangelnde Nabelhygiene nach der Geburt! Das alles versuchte ich, dem Bauern schonend beizubringen. Vor allem Letzteres!

„Warum haben Sie das Fohlen nicht gleich, nachdem es gefallen ist, spritzen lassen!"

Früher gab es ein exzellentes Serum, das in der Bundesanstalt Mödling zu einem Spottpreis hergestellt wurde, aber infolge des Beitritts zur alles bestimmenden Tante EU wurde Mödling die Serumproduktion ebenso wie die Herstellung eines Schweinerotlaufserums und eines ausgezeichneten Piroplasmoseimpfstoffes verunmöglicht. Laut EU-Richtlinien hatte die Bundesanstalt keine Berechtigung, Medikamente herzustellen. Die Pharmalobbyisten der Konzerne hatten sich durchgesetzt. Das Serum gibt es nicht mehr und den Impfstoff, der aber bei Weitem nicht die Wirksamkeit des alten Mödlinger Produktes aufweist, beziehen wir seit Jahren über Sonderimportanträge aus Frankreich.

Aber immerhin funktioniert die Methode, dem Fohlen bald nach der Geburt eine Kombination von einem Depot-Antibiotikum mit Tetanusserum zu spritzen.

Viele Bauern legen Wert darauf, der Karlbauer nicht.

„Mir hat wer gesagt, dass das nicht nötig ist, die *Siegn* gibt es nicht mehr!"

„Na dann einen schönen Gruß an den Obergescheiten!"

„Was machen wir jetzt?", jammerte der Karlbauer. „Muss es sterben?"

Früher, als es noch nicht die Antibiotika gab, war die Fohlenlähme gefürchtet, weil aussichtslos. Heute besteht doch eine gewisse Chance.

„Hängen Sie bitte die Stute an!" Die Mutter, begreiflicherweise um ihr Fohlen besorgt, drängte uns wiehernd mit dem Hinterteil ab und, obwohl sie von Haus aus eher friedlich war, bestand doch die Gefahr, dass sie einmal ausschlug.

Trotz des hohen Fiebers wagte ich eine leichte Narkose, sonst würde ich die Gelenkspunktion nicht durchführen können. Als das Fohlen im Stroh lag, tastete ich seine Beine ab. Deutlich waren die mit Flüssigkeit gefüllten Gelenksaussackungen spürbar. Rasch rasierte ich die Stellen, desinfizierte sie und stach eine dicke Injektionsnadel ein. Gott sei Dank entleerte sich die Synovia, eine Flüssigkeit, die man auch als Gelenksschmiere bezeichnet, zwar schon zäh und fadenziehend, aber noch nicht rein eitrig.

Es bestand also berechtigte Hoffnung. Ich punktierte von der anderen Seite ebenfalls und spülte das Gelenk ordentlich mit physiologischer Kochsalzlösung durch. Nach Einspritzung eines geeigneten Antibiotikums in die Gelenkshöhle legte ich außen einen mit Jodlösung getränkten Verband an, um keine weitere Infektion durch die entstandenen Löcher zu riskieren.

Dass Gleiche praktizierte ich am anderen Vorderbein.

Anschließend erhielt das Fohlen noch eine kräftige intramuskuläre Verabreichung, dann stand ich auf und sagte: „So, das sollte für heute genügen! Morgen komme ich wieder. Das Fohlen muss etliche Tage lang gespritzt werden und auch die Gelenke werde ich mir nochmals vornehmen."

Am darauffolgenden Tage zeigte sich das Fohlen bereits viel munterer, es hatte, laut Aussage vom Karlbauer, auch mehr bei der Stute getrunken und die Gelenksschwellung war sichtlich zurückgegangen. Als ich ihm das Antibiotikum verpasste, dem Fohlen, nicht dem Karlbauer, verhielt es sich wesentlich unduldsamer als bei der ersten Visite und der Bauer hatte Mühe, es überhaupt zu bändigen. Dass alles verschaffte mir eine große Befriedigung.

Am nächsten Tag wiederholte ich die Gelenksspülung, wobei ich die Einstiche vom letzten Mal benutzte und zu meiner inneren und äußeren Freude floss die Synovia diesmal nicht mehr dicklich, sondern klar und wässerig ab. „Sehen Sie? Ich glaube, wir haben noch einmal Glück gehabt!" Obwohl die Besserung ständig voranschritt, führte ich, um sicherzugehen, die Behandlung noch ein drittes Mal fort.

Am Ende konnte ich dem Karlbauern mit gutem Gewissen versichern, dass wir, was die Lähme betraf, nunmehr aus dem

Schneider waren. Wie zum Beweis stakste das Fohlen hinüber zur Mutter, um sich nach all der Aufregung einen ordentlichen Schluck zu vergönnen. Recht so.

Das tue ich bisweilen ja auch.

Der stämmige Karlbauer rannte auf seinen O-Beinen glückselig ins Haus und tauchte mit einer Flasche Selbstgebranntem in der Hand wieder auf. „Tausend Dank, Herr Doktor, für Ihre Bemühungen!"

„Schon gut", antwortete ich, „aber wenn Ihnen das nächste Mal jemand einen guten Rat gibt, dann fragen Sie mich zuerst, ob der Rat wirklich gut ist! Ja?"

Hätte ich eine Bibel gezückt, ich hätte darauf geschworen, der Karlbauer hätte in dem Moment auch darauf geschworen! Im beschwingten Hochgefühl ließ ich Pferdemutter und Tochter zurück.

Das darauffolgende Tief, wie es auch beim Wetter so üblich ist, erfolgte prompt!

Es kam nicht von den Azoren und nicht vom Süden, sondern vom Zloibelbauern. In der Früh hatte er noch angerufen, er habe in der Nacht ein Rössl bekommen und das hätte er gerne gegen Fohlenlähme geimpft. Es war ein strahlender Frühlingsmorgen, die Eisfelder oben am Silberpfennig glitzerten noch, während sich herunten im Tal bereits die ersten zaghaften Knospen zeigten. Die Luft roch nach Frühling und die Rinder in den Ställen wurden bereits unruhig, weil sie in den länger werdenden Tagen die saftigen Weiden erahnten.

Diese Aufbruchsstimmung steckte mich an und ich fuhr beschwingt die wenigen Kilometer zum Zloibelhof: ein großer Bauernhof mit vielen Fremdenzimmern, einem ausgedehnten Kuhstall und einem separierten Pferdestall, in dem vier Norikerstuten standen.

Pferdehaltung war auf diesem Betrieb Tradition und wurde liebevoll von Generation zu Generation quasi weitervererbt.

Aber diesmal empfing mich der derzeitige Zloibelbauer mit einer Leichenbittermiene, dass ich beinahe kehrt gemacht hätte, um mir meine Frühlingslaune nicht verderben zu lassen. Aber das war natürlich unmöglich.

„Das Rössl kann nicht trinken", waren seine eröffnenden Worte.

„Wie? Was? Nicht trinken?"

„Nein! Seit der Geburt ist es mehrmals zur Stute gegangen, das ist jetzt etliche Stunden her und hat dort gezuzzelt, aber das Euter ist noch immer prallvoll, und als ich versucht habe, dem Fohlen Milch mit der Flasche einzugeben, ist alles links und rechts aus dem Maul herausgeronnen. Ich wette, das Fohlen hat noch keinen einzigen Schluck Milch abbekommen! Dabei hat es deutlich Hunger!"

Ein bezauberndes, scheinbar kerngesundes Stutfohlen kam neugierig herangetrippelt und stupste mich mit der weichen Schnauze freundlich an, so als wollte es sagen: „Kommst Du mir auch gratulieren? Ich habe nämlich heute Geburtstag!"

Ich nutzte die Gelegenheit, das Tierchen zu schnappen, und bat den Bauern, mit dem Thermometer aus meiner linken Hosenbeintasche kurz die Temperatur zu messen. Als das Gerät piepste, lagen wir bei achtunddreißigkommavier Grad. Für ein neugeborenes Fohlen durchaus in Ordnung.

Wir wechselten die Positionen, der Zloibel hielt nun die Patientin und ich führte eine rasche klinische Untersuchung durch. Es war aber schon gar nichts zu finden. Sogar in der Halsgegend konnte ich keine Schluckhindernisse feststellen.

„Hm", brummte ich, „scheint sich um eine eher funktionale Störung zu handeln. Die Zunge hat es vielleicht nicht heraushängen lassen?" Ich dachte in dem Moment an eine Zungenlähmung.

„Überhaupt nicht!"

Also spreizte ich dem Fohlen den Kiefer auseinander, was dieses nicht gerade als passendes Geburtstagsgeschenk empfand, und tastete mich durch die Mundhöhle. Was ich da fand, jagte mir einen kalten Schauer über den Rücken: „Das Fohlen hat überhaupt keine Zunge!“, stammelte ich.

„Was heißt das, keine Zunge?“

„Na ja, ein kurzer Stummel ist schon vorhanden, aber von einer Zunge kann man nicht sprechen. Das ist eine angeborene Missbildung, sehr selten, aber tragisch.“

„Da kann man nichts machen?“

„Natürlich nicht“, knurrte ich genervt, weniger wegen der besorgten Frage vom Zloibel als aus Wut über das unausweichliche Schicksal des armen Fohlens, „soll ich ihm vielleicht eine Krampuszunge anpicken? Das Tier ist ein Todeskandidat! Es wird nie saugen können, nicht von der Flasche und aus der Zitze schon gar nicht. Es würde innerhalb weniger Tage verhungern!“

„Verdammt“, murmelte der Zloibel. Eigentlich benutzte er einen ganz anderen Ausdruck, der mehr dem Fäkalienmilieu entstammte. „Dabei war es so eine sorgfältige Anpaarung zwischen der Stute und dem Hengst!“

„Beide tragen das rezessive Gen für eine solche Anomalie in ihrem Erbgut, und wenn die zwei aufeinandertreffen, dann kann so was passieren.“, zitierte ich aus meiner Erinnerung an die Vorlesungen von Professor Walter Schleger, der es immerhin vom Stürmer bei der Austria und Nationalspieler im zweiten Bildungsweg zum Ordinarius des Universitätsinstituts Tierzucht und Genetik gebracht hatte. Eine bemerkenswerte Berufslaufbahn, obwohl er, aufgrund unserer verschiedenen politischen Ausrichtungen, mir als Student durchaus nicht gewogen war. Aber *de mortuis nihil nisi bene*! Und schließlich hatte auch er mein Tierarztdiplom nicht verhindern können, trotzdem er mich drei Mal zur Prüfung hatte antanzen lassen. Dabei hätte ich ihm als alter Vienna-Anhänger sicher sympathischer sein sollen als ein Rapidfan.

Wie dem auch sei, die Erbgesetze waren unerbittlich und hatten im vorliegenden Fall zugeschlagen.

„Jedenfalls, bei der nächsten Deckung einen anderen Hengst suchen“, riet ich.

„Den gibt es eh nicht mehr“, lautete die Antwort, „aber was machen wir jetzt mit dem Fohlen?“

„Da bleibt nichts anders übrig!“ Töten, wollte ich sagen, wählte jedoch den euphemistischen Ausdruck „Erlösen“, was auf das Gleiche herauskam.

Mir war zum Heulen zumute, als ich zum Wagen ging. Als Tierarzt ist man ja daran gewöhnt, in aussichtslosen Fällen den Daumen zu senken. Aber ein lebhaftes, scheinbar kerngesundes Fohlen vor Augen zu haben und es töten zu müssen, das war schon eine harte Bandage. Als ich ins Freie trat, saß die dicke Nelly, der Hofhund, die mein Auto bestens kannte und ebenso wusste, dass ich immer ein paar Leckerbissen für sie mitführte, mit erwartungsvoll hechelnder Miene vor der Hecktür und freute sich wie der berühmte Schneekönig über mein Erscheinen. Sie hatte ja keine Ahnung, welche Tragödie sich im Stall abspielte. Ich steckte ihr ein paar Happen zu und hockte mich kurz zu ihr. Sie schmiegte sich mit dem Rücken an meine Knie und ließ sich genussvoll den Bauch kraulen. Die Berührung des Hundes verschaffte mir in der Situation ein wenig Trost. Nelly musste instinktiv meine seelische Verfassung gespürt haben, denn sie streckte plötzlich ihren Hals und leckte mir breit über das Gesicht, was sie bisher nie getan hatte.

„Hör einmal“, lächelte ich schwach, „wenn Du von Deinem Schlecker die Hälfte an das Fohlen da drinnen abgeben könntest, hättest Du noch immer genug und dem Fohlen wär’ geholfen.“

Nelly klopfte zwar zustimmend mit dem Schwanz auf den Boden, aber das half uns auch nicht weiter.

Als das Fohlen tot war und ich zur nächsten Visite fuhr, war meine Stimmung am Tiefpunkt.

In der Situation hatte mir der Brunninger gerade noch gefehlt. Sein Anwesen lag, Gott sei Dank, bereits im Randgebiet der Nachbarpraxis, aber ich hatte schon, wenn ich Wochenenddienst versah, dort zu tun gehabt. Ich mochte ihn nicht und war mir sicher, dass es ihm bei mir nicht anders ging.

Er war ein stämmiger, recht grober Kerl mit rötlichen Haaren, ebenso rötlich wie sein Schnauzbart und die drahtigen Augenbrauen.

Irgendwie erinnerte er mich an einen Wikinger, der auf der Salzach Schiffbruch erlitten hatte. Hätte er statt seiner unausweichlichen Schirmkappe vom Lagerhaus einen Helm mit Hörnern getragen, hätte mich das nicht verwundert.

Seine verhärmte Frau und die Tochter behandelte er ebenso rüde wie alle anderen Menschen und seine Tiere. Wer es bei ihm als Haus-und-Hoftierarzt aushielt, musste schon einen besonders guten Magen haben.

Aber da der Kollege nicht nur einen solchen besaß, sondern, nach dem Tritt eines Ochsen, auch ein schlechtes Knie, mit dem er momentan nicht Auto fahren konnte, musste ich die „Krot" schlucken.

„Vor ein paar Tagen hab' ich vom Haushofer ein Kalb gekauft", röhrte der Brunninger zu Begrüßung, „aber das Viech will nichts trinken! Jeden Tag muss ich es ihm mit der Flasche eingeben und da sauft es auch gerade so viel, dass es noch nicht krepiert ist! Machen Sie was!"

„Vielleicht verarbeitet das Kalb erst den Umstellungsstress!"

Das war gut vorstellbar! Der Haushofer, der zu meiner Klientel gehörte, pflegte einen sorglichen und sanften Umgang mit seinen Tieren und ich konnte mir denken, dass das Kalb ordentlich geschreckt war, im Stall vom Brunninger gelandet zu sein.

„Stress? Wo gibt es hier einen Stress?", schnauzte der Brunninger und gab einem älteren Kalb, das neugierig an meiner Weste gezupft hatte, einen Ellenbogenschlag auf die Nase:

„Verschwind', Du Sauviech!"

„Na na", protestierte ich.

Er funkelte mich böse an: „Also los, worauf warten Sie? Ich habe nicht den ganzen Tag Zeit!"

Am liebsten hätte ich dem unverschämten Mistkerl jetzt den alten, bewährten Goethe an den Kopf geworfen und auf der Stelle kehrtgemacht. Weil aber das Kalb wirklich einen hilfsbedürftigen Eindruck machte, biss ich die Zähne zusammen, dass die Plomben knirschten, und begann mit der Untersuchung. Außer dass das Tier mager war, konnte ich nichts finden.

„Vielleicht hat es Würmer!" Ich hatte schon etliche solcher Fälle kuriert, in denen die Kälber während der ersten Zeit ordentlich getrunken, aber so um den fünften, sechsten Tag plötzlich jeden Appetit verloren und eine Mattigkeit an den Tag gelegt hatten. Nach einer Entwurmung waren sie innerhalb von vierundzwanzig bis achtundvierzig Stunden wieder wie ausgewechselt.

Die Abmagerung könnte durchaus dafür sprechen, allerdings hatte das Tier bereits länger nicht mehr genügend Milch bekommen.

„Würmer?", brauste der Brunninger auf, „woher, zum Teufel, soll das Vieh denn Würmer aufgegabelt haben. Es war noch auf keiner Wiese!"

Ich erklärte kurz die transplazentare Infektion, bei der die Wurmlarven das Ungeborene befallen.

„Also wenn das Vieh Würmer hat, nehme ich es das nächste Mal zum Angeln mit!"

Ich unterzog meine Plomben einer erneuten Belastungsprobe und verabreichte dem Kalb wortlos ein Wurmmittel und einen Vitamincocktail.

Der Brunninger beobachtete mich dabei finster.

„Wenn ich Recht habe, müsste es innerhalb der kommenden zwei Tage zu trinken anfangen", verkündete ich.

„Und wenn nicht?"

Dann wäre ich mit meinem Latein am Ende, hätte ich ehrlicherweise sagen sollen, was mir dem Brunninger gegenüber aber sicher nicht einfiel.

„Was kriegen Sie?" Widerwillig zog er ein abgegriffenes Geldbörsel aus der Brusttasche seiner Latzhose.

„Ich schicke Ihnen einen Zahlschein!“

„Warum?“

„So halt“, lautete meine kühle Antwort. Auf seine Reaktion, wenn ich ihm für seine Frechheit mehr berechnen würde, konnte ich verzichten.

Am dritten Tag nach meinem Besuch sprang das Telefon fast zehn Zentimeter vom Tisch hoch: „Ihre Wurmtheorie können Sie sich an den Hut stecken. Das Kalb wird von Tag zu Tag weniger!“

„Das tut mir leid!“

„Mir auch! Und besonders, dass ich Ihre Rechnung schon eingezahlt habe. Aber das ist jetzt wurscht. Ich bringe das Kalb morgen dem Haushofer zurück und will mein Geld wieder!“ Wutschnaubend legte er auf.

Der Zufall wollte es, dass ich am nächsten Tag ausgerechnet beim Haushofer einen Jungstier mit Bronchitis behandeln musste, als der Geländewagen vom Brunninger in einer Staubwolke vor dem Stall stoppte.

„Da hast Du Dein Krepierl wieder!“, schimpfte er, während er den Anhänger öffnete und das Kalb an einem Strick um den Kopf herunterzerrte.

Aber was war das? Kaum hatte das Tier seine gewohnte Behausung gesehen, drehte es den Spieß um und zog mit aller Kraft den Brunninger an der Leine hinterher. Schließlich ließ der das Seil los und das Kalb rannte, nein, stürmte in den Stall, wo es vor seiner ehemaligen Box stehenblieb. Dort begann es kläglich zu blöken, weil das Abteil inzwischen von einem anderen Kalb besetzt war, welches verdattert durch die Gitterstäbe den unwillkommenen Störenfried beäugte.

„Komm“, sagte der Haushofer und führte das Tier sanft zu einer danebenliegenden freien Box, in der zwar noch keine Einstreu, sondern nur der hölzerne Lattenrost lag, die aber für den Moment genügte.

Ich hatte die Verwandlung des Kalbes mit Staunen verfolgt. Kein Zweifel, es war froh, wieder daheim zu sein!

„Schnell, probieren wir, ob es auch trinkt“, rief ich.

Der Haushofer füllte Milch in den Tränkeimer, erwärmte sie kurz mit einem Heizstab und hängte das Gefäß dem Kalb vor die Nase. Die Selbstverständlichkeit, mit der es nach dem Gummisauger schnappte, war verblüffend. Und dann hörten wir nur noch klack, klack, klack, das typische Sauggeräusch. Alle anderen Kälber im Stall reckten die Hälse, weil sie jetzt auch eine Zusatzration erwarteten.

Der Brunninger stand zwei Meter hinter mir und beglotzte die Szene.

Dann setzte er wieder seinen wütenden Blick auf, drehte sich um und marschierte grußlos aus dem Stall.

„Genug“, sagte ich, „nicht so viel auf einmal! Immerhin hat das Tier eine längere Fastenkur hinter sich. Sonst wird es noch krank. Geben Sie ihm halt so lange mehrere kleine Portionen über den Tag verteilt, bis es sich halbwegs erholt hat.“

Der Haushofer hängte, sehr zur Missbilligung des Kalbes, den Eimer wieder ab und wischte ihm den Milchschaum vom Maul. „Später wieder, Du einbildnerischer Kerl“, brummte er, „so ein Dickkopf, verhungert lieber, als neue Verhältnisse zu akzeptieren.“

Ich konnte mir ein befriedigtes Grinsen, vor allem, wenn ich mir das ungläubige Gesicht vom Brunninger vor Augen hielt, nicht verkneifen: „Da heißt es immer: Durst ist schlimmer als Heimweh, aber das Kalb da hat uns vom genauen Gegenteil überzeugt!“

„Schwein“ gehabt!

Es regnete schon seit Wochen fast durchgehend, Aber die letzten zwei Tage hatte der Himmel seine Schleusen derart geöffnet, dass mich der Oberkampl fragte, ob ich glaubte, dass es langsam an der Zeit sei, wieder einmal eine Arche für sich und das Vieh zu bauen.

„Wenn Sie meine Frau und mich mit an Bord nehmen, helfe ich Ihnen sogar!“

Wir lachten beide, aber der Oberkampl wurde gleich wieder ernst und schaute hinauf zum Himmel: „Bald ist es Zeit für den zweiten Schnitt, aber erstens wächst ja bei dem Sauwetter nichts und zweitens, wie soll man denn mit dem Traktor auf die Felder fahren? Ist doch alles aufgeweicht!“

Ich bestätigte: „Wenn das so weitergeht, dann kann man den Sommer ganz vergessen! Zum Glück ist es wenigstens nicht so kalt, dass es oben auf den Almen schneit. Aber die Heuernte wird heuer ziemlich mager ausfallen! War ja schon das Frühjahr nicht berauschend ...!“

Weiter kam ich nicht, weil das Handy läutete. Der Lippbauer war am Apparat, ich möge bitte gleich auf seine Alm hinauffahren, er ist schon oben, um eine Kuh in den kleinen Holzstall zu treiben. Sie würde furchtbar lahmen.

„Auf die Lipp-Alm?“, fragte der Oberkampl, der das Gespräch mitgehört hatte, „bei den Verhältnissen? Na viel Vergnügen!“

Ich nickte und rannte von dem Vordach, unter dem wir gestanden waren, durch den strömenden Regen zum Wagen.

Der Oberkampl hatte gar nicht so Unrecht. Die Lipp-Alm lag, wenn man es genau betrachtete, gar nicht so hoch, aber der Weg dorthin war scheußlich. Schmal zog er sich in etlichen Kehren den Berg hinauf, der Untergrund bestand aus Erde und Lehm, welcher sich bei nassem Wetter in eine Art Schmierseife verwandelte. Dazu kam, dass die Fahrspur nicht breit genug für mein

Auto war, weil der Lipp entweder mit seinem winzigen Suzuki oder auf dem Moped hinauffuhr. Außerdem wucherte Gras über den Weg, was ihn bei Regen zusätzlich schlüpfrig machte. Was hatte ich nicht schon in vergangenen Jahren Blut geschwitzt, vor allem, als es mich trotz vorsichtiger Fahrweise, in einer leichten Biegung beinahe über den Rand hinausgetragen hatte. Das rechte Vorderrad hing schon über die Böschung hinaus, dadurch griff der Allrad-Antrieb nicht mehr und bei jedem Versuch scherte das Heck seitlich aus. Es fehlten nur noch ein paar Zentimeter und der Wagen wäre die Böschung hinabgekippt, wo es mindestens zweihundert Meter runterging. Ein Kranwagen der Feuerwehr war für den Almweg viel zu breit, also ging es nur mit der Seilwinde am Traktor vom Lipp. Der kam aber mit dem Gefährt auch nicht an mir vorbei, obwohl der Wagen nach vorne gezogen werden musste, also hantierten wir mit langen Gurten und Umlenkrollen, die wir an den wenigen hangwärts stehenden Bäumchen befestigten. Die dünnen Stämme bogen sich beängstigend. Wenn eines davon brechen würde, dann gute Nacht! Die restlichen würden das Gewicht des vollbepackten Wagens bestimmt nicht tragen können.

Das Holz der Gasteiner Bäume war jedoch genau so zäh wie das Holz, aus dem die Gasteiner selbst geschnitzt waren. Irgendwann stand das Auto wieder mit allen vier Rädern auf dem Weg. Die Bergung hatte fast zwei Stunden gedauert und mein Kniezittern noch eine Stunde länger.

An diese Geschichte musste ich mit Schaudern denken, als ich nun langsam den Almweg in Angriff nahm. Der Motor dröhnte im niederen Gang, trotzdem erwies sich das Ganze als die erwartete Rutschpartie. Im oberen Drittel der Strecke tauchte ich noch dazu in die tiefhängenden Regenwolken ein. Der Nebel war dick wie Erbsensuppe und ich hatte keinerlei Orientierung, wie weit es noch bis zum Ziel war. Plötzlich tauchte keine drei Meter vor der Motorhaube ein dunkler Schatten aus dem grauen Dunst auf und ich stand direkt vor der Stadlwand. Da sich auf mein Hupen nichts rührte, sprang ich aus dem Wagen und sprintete durch den strömenden Regen um die Hütte herum bis zum Eingang. Trotz der Finsternis im Inneren konnte ich erkennen, dass der Raum leer war. Nur der schwache Geruch nach feuchtem Heu lag in der Luft.

Wo war der verdammte Lipp mit seiner Kuh?

Ich formte die Hände zu einem Trichter und brüllte aus Leibeskräften, aber außer dem Regenrauschen blieb alles still. Nicht einmal ein Echo gab es, was im Gebirge aus touristischer Sicht besonders ärgerlich war.

Mir blieb nichts anderes übrig, als zurück zum Auto zu rennen und, mittlerweile klatschnass, zum Telefon zu greifen. Sofort ertönte eine Stimme: „Ihr Gesprächspartner ist momentan nicht erreichbar, bitte versuchen Sie es nach einer Weile erneut!"

Himmelarschundzwirn! So geht es mir meistens, wenn ich versuche, einen Bauern zu erreichen. Am Empfang heroben konnte es nicht liegen, weil, während ich noch überlegte, wie lange ich hier warten sollte, zehn Minuten, eine Viertelstunde, läutete das Handy wieder.

Es war aber nicht der Lipp, sondern Karin: „Du sollst schnell zum Schoberbauern, seine Sau kann nicht ferkeln!"

Also schnell ging gar nichts. Das mit dem Warten hatte sich jetzt zwar erübrigt, aber trotzdem lag der Rückweg vor mir. Behutsam reversierte ich den Wagen. Der Geländerand, welcher in einen steilen Abhang mündete, der in einen felsigen Einschnitt, dem Bründlgraben, endete, war nur wenige Meter entfernt.

Im Schneckentempo kroch ich den Berg hinunter.

Als ich den Schotterweg auf der Talsohle erreichte, atmete ich das erste Mal aus und auf der asphaltierten Bundesstraße das zweite Mal.

Dort schaltete ich das Blaulicht ein und trat aufs Gas. Die beiden Polizisten, die mit der Radarpistole hinter der Lärmschutzwandkurve auf Temposünder im letzten Abdruck des Ortsgebietes lauerten, winkte ich nonchalant mit der Hand zu wie die Queen aus ihrer Kutsche heraus.

Dann hatte es sich aber auch schon mit der Nonchalance. Der Schober stand bekümmert vor der Schweinebucht und schaute auf seine Frieda, die ächzend vor sich hin grunzte und sichtlich keine Freude mehr an der werdenden Mutterschaft zeigte.

„Das geht schon seit Stunden so", teilte er mir mit.

Meine Güte, wenn er rechtzeitig angerufen hätte, hätte ich mir zumindest eine unnötige Fahrt auf die Lipp-Alm erspart. Denn dass ich heute nochmals rauf musste, daran bestand kein Zweifel. Außer der Lipp und seine Kuh hatten sich im Nebelgebräu verirrt und waren auf die falsche Seite ins Nachbartal abgestiegen. Dieser schwachen Hoffnung ergab ich mich jedoch nicht.

„Haben Sie schon hineingegriffen?", fragte ich den Schober.

„Nein, nein", antwortete er.

War auch eine blöde Frage. Der Schober hatte Pratzen zum Holzfällen oder um einen steckengebliebenen Leiterwagen aus dem Dreck zu ziehen, aber nicht für gynäkologische Untersuchungen.

Schweinegeburten waren früher, als es noch auf jedem Hof mindestens eine Sau gab, immer Sache der Bäuerin gewesen. Sie besaß die schmäleren Hände und, wie ich glaube, auch das nötige Einfühlungsvermögen aus eigener Erfahrung.

Ich wusch mir den rechten Arm und Friedas Vulva, rieb beide mit Desinfektionsmittel ein, kniete mich in die Einstreu und griff in die Tiefe. Der Grund dafür, dass die Geburt nicht vonstattenging, lag eindeutig an dem Ferkel in Querlage, das den Ausweg versperrte wie ein Bahnschranken. Da es ziemlich mickerig war, musste ich mich nicht recht plagen, um es längs zu drehen und herauszuziehen. Das Ferkel war unzweifelhaft unterentwickelt und tot.

Weil sich die Geburt schon länger hinzog und die Geburtswege bereits austrockneten, injizierte ich Frieda ein Wehenmittel in die Ohrvene und rührte künstlichen Fruchtschleim an, den ich in die Sau hineinpumpte, als würde ich mich bei der Freiwilligen Feuerwehr als Spritzenmeister bewerben. Aber jetzt musste es schnell gehen, sollten die restlichen Ferkel noch eine Überlebenschance haben.

Dann brauchte ich nur mitzählen. Die Kerlchen flutschten, eines nach dem anderen, problemlos heraus. Es ging zu wie auf einem Schulwandertag, nur disziplinierter.

Beglückt zählte ich mit. Abzüglich des toten Geschwisterchens konnte der Schober, pardon, vielmehr die Frieda, achtfachen Nachwuchs auf die Habenseite verbuchen.

Der Schober teilte mein Glücksgefühl: „Sehr gut gemacht, Herr Doktor! Jetzt trinken wir aber zur Feier des Tages ein Schnapserl, oder?"

Ich kannte dem Schober seine „Schnapserln".

„Besten Dank", wehrte ich ab, aber ich muss noch einmal rauf auf die Lipp-Alm. Wenn ich abstürze, soll hinterher nicht in den Lokalnachrichten stehen: „Alkoholisierter Tierarzt verunfallt!"

„Na, dann trink' ich Ihres mit", grinste der Schober.

Selig, wer bei Nennung der Lipp-Alm grinsen kann.

Trotzdem verabschiedete ich mich zufrieden, als das Handy läutete.

„Ja?"

„Hier ist die Polizei Bad Hofgastein!

Ich weiß nicht, wie es anderen Leuten ergeht, aber wenn die Polizei anruft, habe ich sofort, obwohl ich mich eher zu den anständigeren Bürgern zähle, ein schlechtes Gewissen.

Allerdings konnte es sich natürlich auch um einen entlaufenen Hund oder eine verletzt aufgefundene Katze handeln.

„Ja bitte?"

„Bezirksinspektor Steiner. Wo sind Sie gerade, Herr Doktor?"

Das war gut! Wenn es einen Banküberfall mit meiner Gesichtsmaske gegeben hätte, könnte ich ein hieb- und stichfestes Alibi benennen.

„Beim Schoberbauern!“

„Na Gott sei Dank! Der Lippbauer hat uns nämlich verständigt, dass er Sie auf seine Alm gerufen hat – wegen einer krumpen Kuh. Die hat er aber wegen der schlechten Sicht nicht gleich gefunden und wie er sie endlich hinunter zum Stall gebracht hat, hat er gesehen, dass eine Mure das Gebäude samt dem umgebenden Areal in den Bründlgraben gerissen hat. Da hat er Angst bekommen, dass Sie eventuell schon dort auf ihn gewartet haben könnten und mit Ihrem Auto auch dort unten gelandet sind. Daher habe ich mir gedacht, ich versuche, Sie zu kontaktieren, bevor wir einen Suchtrupp losschicken.“

Ich schnaufte: „Das hätte der Lipp ja auch selbst machen können. Aber es stimmt, vor einer guten Stunde habe ich auf ihn vor dem Stadl gewartet, bis ich zu einem Notfall abberufen wurde.“

Kurze Pause!

Dann ließ sich wieder der Bezirksinspektor vernehmen: „Vielleicht war es der Schock! Weil dort droben ist alles futsch. Jedenfalls haben Sie, Herr Doktor, wenn ich es so ausdrücken darf, enormes ‚Schwein‘ gehabt!“

„Sie dürfen, Herr Bezirksinspektor“, ich schaute auf die schmatzende Schober-Ferkelmeute, „und Sie ahnen gar nicht, wieviel!“

Mein persönliches Glückschwein

Von Hans Christ bereits erschienen

ISBN 978-3-85365-204-6

ISBN 978-3-85365-220-6

ISBN 978-3-85365-233-6

Von Hans Christ bereits erschienen

ISBN 978-3-85365-252-7

ISBN 978-3-85365-295-4

V. F. SAMMLER
www.stocker-verlag.com